金塊文化

從木桶到垃圾桶

用管理大師的智慧打造金質團隊

陳紀元◎著

推薦序一

真正有創見的一本現代書

乍見這本書，我有點不稀罕，這些法則、定律的名稱，我很早就知道。但陳博士是企管界的前輩，早在我四處探訪名師吸收經營知識時，他已是名滿台灣的大師級顧問，怎會出此種炒冷飯的著作。待詳細閱讀後，才發現前輩果然是前輩，走在前面的人，不是先前的人。

這本書雖然以一些法則、定律的名稱為引，但每篇文章的內容都是由現代企業經營的角度去剖析，並提出運用的見解，就如同書名副標「用管理大師的智慧打造金質團隊」，有些「老辭新解」的味道。例如木桶定律，人人耳熟能詳，是談論能力最弱者決定一個團隊的戰鬥力，而不是能力最強者。但本書談的重點卻是團隊主管如何箍桶，才不會漏水。

問陳博士為何不把傳統的解說加入，比較完整。陳博士快人快語：鬍鬚張魯肉飯不是強調「熱就好吃」嗎？在網路上，冷飯多的是，何必把冷飯摻入好吃的熱飯；況且每篇短短的，比較符合網路時代的閱讀習慣。在我詳細欣賞書中的文章時，很多傳統的概念都被本書所糾正，如煮蛙效應、雁行效應等，原來青蛙沒有神到被丟入熱鍋還會跳出來，野雁也不一定是飛V字型的。顯見陳博士在撰寫本書時，所下的考證功夫。

煮蛙效應、雁行效應等存有滑坡謬誤的邏輯，套用陳博士的話：滑坡謬誤在推銷話術常用也實用，但在團隊經營卻不能用；推銷為了說服客戶，可以「因為……所以……」滑過去；但團隊經營牽涉到企業根基，要實事求是，不能亂滑。有深度，好書，值得推薦。

張永昌
101. 2. 24.

張永昌董事長，開啟台灣魯肉飯企業化經營的靈魂人物，也是實事求是的典範人物，在不誇大不虛華中，屢屢爆出漂亮的創新，是本書作者非常心儀的經營者。

推薦序二

叮噹聲中的和諧

我和企管前輩陳紀元博士同屬八田與一基金會，他是董事兼執行長，我是常務監察人。每當在處理基金會中較複雜的專案，只見他不分鉅細，拆解組合，好像手捻一條線，行雲流水似的牽引著每件事與每個人。像極了本書木桶定律的「箍一下，粽頭拉好」。有時，看他規劃執行一些原本無趣的小活動，他卻將歡樂與驚奇塞得滿滿，極似本書的垃圾桶效應。縱然對他的實務工作有此體認，但當他要我為這本書寫序，我還是嚇一大跳。

我是音樂人，懂的是樂器表現出來的音律，陳博士竟敢邀我寫序，不怕書賣不好，自然謝絕。但當他問我「琴瑟和鳴」和「琴瑟合鳴」有何不同時，我不得不同意。

「琴瑟和鳴」和「琴瑟合鳴」的不同，有趣，但很嚴肅，一字之差，竟有如此之別。「和鳴」和順的鳴，琴音與瑟音是搭調的、和諧的，「合鳴」一齊鳴，可能速度與音量不同，而出現突兀。搭調和諧不但是本書團隊經營、團隊合作的主軸，也是我作曲、編曲及演奏的基本要求。

端詳本書內容，對應我個人作曲演奏歷程，的確亦是如此。作曲、編曲及演奏和企業經營同一模樣，都講究團隊合作，我很能體會與認同。有幸領先閱讀本書手稿，不知不覺沈醉在企管與音樂的和諧中，琴瑟和鳴，偉大團隊的最佳註解。忝以「叮噹聲中的和諧」為之序。

邱貴老師，國際知名的作曲演奏家。每聽一首邱老師的創作，靈魂就被強烈的撩撥一次。古今中外不同樂器的音律，在其創意下，時常舞動出嶄新的生命意涵。

推薦序三

不能忽略的经验与智慧

在2011年，我邀请陈纪元博士到我们公司向全体干部讲述行销策略，在他那时而诙谐、时而正经的引导下，我们不但接受到很多策略的奥妙，更重要的是理解到要建立自己的行销思考逻辑。

又在一次与管理阶层的聚会，虽然大家谈笑风生，但顺著大家的话题，陈博士忽然引出一个叫Holenso沟通，顿时大家竖直耳朵，没人觉得他杀风景。那时我才真正认识到陈博士，原来管理不只是外显的制度流程等，真正让管理落地，是在欢笑、严肃交错中，让管理的概念与做法自然的流入管理体系。报告、连络及谘询的Holenso沟通在本书「日本职场沟通的基本教养」中有介绍，Holenso之日文为菠菜。这次应邀作序，重读数次，感触更深了。

本书由基本法则、合作氛围、领导风格、团队沟通、创新改革等五个面向，提出有益团队经营之概念与实际作法，对成长中的企业尤其有帮助。成长中的企业，人员部门不断扩大，对人对事的管理及企业文化的建立，若跟不上业绩成长速度，就很容易造成外强中乾的危机。

「创新是团队的唯一活路」是本书的最後一章，我个人很同意这句话，尤其竞争已今非昔比。本书从人才培育到创新，包括许多领导、管理、调合、沟通等有实证的经验与智慧。希望满满的团队经营哲理与实务，读者可以一次整桶搬进脑中，不管是用木桶或垃圾桶。

厦门美岁商业投资管理公司的黄福兴总经理，以塑造百货及超市精致化著名。年轻干练、经营视野宽阔，掌握问题的速度极快，解决问题的态度更为积极。

打造永續競爭優勢的團隊

當一個團隊的主管讓成員覺得跟著他工作是件光榮的事，成員也能創造有用的價值，這個團隊必然具有相當的競爭優勢。在企業經營及社會發展中，有很多發人深省的法則、定律和現象，在在都訴說著「主管帶出光榮，成員創造有用的價值」，而其精髓也一直影響著團隊經營的思路與邏輯。

本書以現代的角度思考常見的法則定律，並以「從木桶到垃圾桶——用管理大師的智慧打造金質團隊」為名，將率領二戰團隊的諾貝爾文學獎得主邱吉爾（Winston Churchill）、愛說笑的組織病理學家帕金森（Cyril Northcote Parkinson）、馬匹租賃業的霍布森（Thomas Hobson）等及其發展出的木桶定律（Barrel's Law）、垃圾桶效應（Garbage Can Effect）等，重新闡述這些大師們的智慧，以及在現代的經營環境下，團隊如何創造永續的競爭力。

本書共分五大部份，分別敘述團隊經營的基本法則、合作的氛圍、領導風格、團隊溝通、創新。重新闡述40則眾所皆知、鮮為人知或以訛傳訛的法則、定律和效應。

愈在雲端愈要實事求是

或許再過不了幾年，人類就要開始在「雲端」上過生活，而這影響所及，包括工作視野、生活方式、消費習性等，都會有大幅度的改變。這些改變在三網資訊匯流助長下，對企業提供服務的思考也勢必是全新的大挑戰。企業間的競爭，將不見得強者更強，新進者也不一定永遠處於弱勢。不過，有一點不會變的是網路資訊的以訛傳訛會變本加厲，進而擾亂或影響消費者和企業經營者的思考邏輯。

當這些擾亂或影響愈來愈大時，團隊經營就愈需實事求是，這是在風大的「雲端」防跌的基本配備。本書在撰寫的過程，也受網路杜撰資訊的擾亂，有些「教小學生立志的寓言」也被稱為法則定律，而且轉貼數量驚人，佔據極大的搜尋網頁，很容易讓人誤信是經科學驗證的智慧。所以，也提醒讀者不要再相信把青蛙丟進熱水鍋中，牠會駕觔斗雲跳出來。

有些大師們的智慧確是顛撲不破，但是在「雲端」和在地上競爭，時空背景不同，而且現代人打架的方式比大師們的年代不乖，團隊合作考慮的變數也較多面向。本書也嘗試加入現代的角度，讓它味道更撲鼻。

團結的隊伍才叫團隊

「只要團結一致，你們就所向無敵；你們分手的那天，將是失去繁榮的開始。」，這是世界上既神秘又富有的羅斯柴爾德家族（Rothschild family）的家訓。羅斯柴爾德家族在國際金融界的地位，就如同拿破崙在軍事上、愛因斯坦在物理學界，一樣名氣逼人。「團結」和「實事求是」正是「主管帶出光榮，成員創造有用價值」的兩條支柱，也是要成為具永續競爭優勢之團隊不可或缺的條件。

團結與團隊都是非常耳熟能詳的詞彙。「團結」一詞，在訓話或宣誓時常用來壯膽豪情，連小孩都能朗朗上口。團隊，在當今社會也常會聽到許多人開口閉口：我們團隊如何如何。似乎幾個人湊在一起就是團隊，這並不是正確的觀念。團隊就是講究整體合作的隊伍，不力行團隊合作，就不會有團結，也不叫團隊。

人因有夢而偉大，團隊亦是如此，但不是停留在夢想。一個團隊藉由不斷實現夢想，不斷建立新夢想，而成就其更強的競爭優勢。一個團隊，縱然有偉大的夢想，也有實現夢想所需的不世之才、雄厚的資源、獨步的技術奧援，但若團隊成員都在各說各話，不能有一致的團結文化，這個團隊可能就會變成阿波羅症候群（The Apollo Syndrome）所描述的：一群能力高超的聰明人，有時可能變成集體性愚蠢。

所以，不是汲汲營營於構築業績成長第一，或編織成為世界首富的夢想。一個團隊之所以能成就其光榮，是因為每個成員都不斷創造自己成為有利用價值的人才，不斷促進合作氛圍，不斷通暢領導風格，不斷潤滑團隊溝通，使團結的文化更和順、更深化；進而不斷創新及改革，使團隊經營隨時有多元選擇，不致在決策時陷於霍布森選擇（Hobson's Choice）的無奈。這是競爭優勢要永續的不二法門，也是本書五大部份的重點。

去做就對了

光榮不光榮其實是最無聊的課題，也不是自己說了算。大賺錢就光榮，不必然。iPad很光榮很偉大，現在是，2015年還是不是，就很難說。此些都不必費力去議論，去做就對了。隨時檢討自己是否對自己團隊的人才運作、合作氛圍、領導風格、溝通協調、創新改革，貢獻一己之力。這是本書的目的，去做就對了。

目 錄 C·O·N·T·E·N·T·S

B. 營造團隊的合作氛圍 / 53

C. 團隊領導人的風格 / 87

目 錄 C·O·N·T·E·N·T·S

E. 創新是團隊的唯一活路 / 155

我們可能來自不同的船，
但現在我們在同一艘船上。

We may have all come on different ships,
but we're in the same boat now.

——馬丁路德*Martin Luther King Jr.*——
美國黑人人權領袖

A. 團隊經營的基本法則

1.為什麼木桶不漏水——*Barrel's Law*木桶定律

2.一刀砍掉繁瑣累贅——*Law of Parsimony*簡約法則

3.企業文化把策略當早餐——*Drucker Quote*杜拉克格言

4.神秘的不平衡與重點管理——*80-20 Rule* 80-20法則

5.會發生的終究會發生——*Murphy's Law*墨菲定律

6.一秒鐘60人挖幾個洞——*Second Best Theorem*次佳理論

7.團隊經營不能脫離社會——*Hawthorne Effect*霍桑效應

8.一群聰明人不要變成集體性愚蠢——*The Apollo Syndrome*阿波羅症候群

*Barrel's Law*木桶定律

 為什麼木桶不漏水

一只木桶能裝多少容量的水，取決於木桶上最短的木板長度，此為一般所熟知的木桶定律（Barrel's Law）。自從王建民加盟洋基隊，台灣球迷對洋基球員開始熟悉，相對其他球隊，洋基大咖如林，幾乎每片木板長度都比人家長，但為什麼連續幾年卻與冠軍無緣。連洋基大老闆Steinbrenner都說：許多球隊沒有我們這樣的薪資也能贏球。

木桶裝了水，難道就不會漏水嗎？不漏水，好像很理所當然，但明明只是一片片木板拼出的而已。為了解這從未被懷疑過的問題，我到桶店去看做木桶，格物了半天，致不出半點知。最後是老師傅反問：「為什麼木桶會漏水」，才恍然大悟。

不確實選材育材會漏水

真是醍醐灌頂！老師傅說：漏水，

不能怪木板；水裝得太少，也不應該罪及短木板，因為是誰把短木板拼上去的？木板有蛀孔或變形，造成漏水，又是誰沒有做好防蟲防腐防變形，而發生蛀孔變形的？

以一個由一片片木板組成的木桶來比喻團隊合作，的確再恰當不過。團隊成員就好像一片片木板，老師傅有如團隊主管。

團隊成員自我提升，增進智識與效率，遵照老師傅的雕琢，不當短木板，不蛀孔、變形，這是團隊成員在團隊合作中的本份。而老師傅在選材、育材的責任亦不能忽視，選用不同長度的木材、選用材質低劣的木材、選用物性不同的木材，又不做好防蟲防腐防變形的品管工作，木桶裝不了多少水，又蛀孔、變形漏水，當然只能怪自己。

團隊成員的培育，不是木桶完成就終止。在團隊運作過程，老師傅也要隨時注意各木板的品質變化。不論是OJT（on job training）或Off-JT（off job training），團隊主管即時的因材施教，才能避免原本相同長度的木板，變得參差不齊，才能避免原本品質良好的木板，被蟲蛀。

桶箍得不緊實會漏水

老師傅要把平面的木板拼成圓形的木桶，要把長方形的木板拼出上寬下窄的圓柱形，而且各木板的銜接配合，必須無縫沒有空隙，這就是團隊主管的箍桶功力。也就是適用的人才交到團隊主管手上，如果不去雕琢，不為無縫銜接，木桶還是會漏水。

箍桶過程，每一塊木板都有其特定的位置和順序，不能出錯。就如在一團隊中，人員是否適才適所，溝通及管理程序是否平順。團隊主管若忽略此一問題，所箍出之木桶一定零零落落，團隊的競爭力也跟著零零落落。所以，木桶定律對團隊競爭力的啟示：決定團隊戰鬥力強弱的首要因素是箍桶能力，第二也是箍桶能力，木板長短只能居第三。此乃為何一大堆長板組成的洋基爭不到冠軍，並不令人大驚小怪。

箍桶會用到桶箍，這桶箍就好像團隊的管理制度。一個木桶用那麼多片木板，桶箍只有上下兩條。這也啟示團隊主管及成員：合作主要是靠各木板的無縫銜接，不是只依賴管理制度，我們也常看到木桶的桶箍掉了，木桶還可不漏水。團隊主管有責任要樂於去雕琢成員，成員也有義務樂於去配合被雕琢。

「把意見箍一箍」，「把大家箍一箍」，這是台灣話中很常用來表示「溝通協調，以達成合意」的用詞。真的很有意思，這不就是身為箍桶師傅的團隊主管，最重要的工作之一嗎？木桶定律之涵義最早由Carl Philipp Sprengel針對農業用肥提出。後來Justus von Liebig以木桶長短板說明，才有木桶定律一詞，故亦稱Liebig's Law of the Minimum，或 Liebig's Law，或最小法則（Law of the Minimum）。不過都只在木板長短打轉，未觸及箍桶的真諦。箍桶若以更常見的包粽子為喻，就好像拉粽頭，綁粽繩一樣。

由於木桶定律對團隊經營極具啟發性，可謂團隊合作最基本的指導原則，故以「木桶不會漏水，其實也只是木桶。當木桶能映照出箍桶師傅純真的涵養，箍出來的桶，才是有價值的木桶。」，與讀者互勉。就好像不只是建立一個品牌，而是不斷追求品牌帶給企業經營的附加價值。

*Law of Parsimony*簡約法則

2 一刀砍掉繁瑣累贅

賈伯斯的簡報常常用照片代替文字，使用文字也很簡短。傳統簡報有大綱、主標、副標的呈現方式，賈伯斯從來不用的。套句達文西（Leonardo di ser Piero da Vinci）的名言「簡單是最高級的複雜。」，在團隊合作的組織、制度上，亦是一樣，愈簡單愈好。

聖方濟各教會（St. Francis）修士奧卡姆的威廉（William of Ockham）提出一刀砍掉繁瑣累贅，主張切勿以較多資源，去做用較少資源也可以做到的事情。一般稱此為奧卡姆剃刀（Occam's Razor），亦稱為簡約法則（Law of Parsimony）、經濟法則（Law of Economy）或簡潔法則（Law of Succinctness）。奧卡姆剃刀強調不可超過需要去增加實體（Entities must not be multiplied beyond necessity.），不要人為的把事情複雜化（Do not make things complicated artificially.）。

當一個團隊開始具有規模時，常為解決一些溝通上的問題，而增加部門或制度來管控；當一個團隊略顯名聲時，令人飄飄然的形而上論述也常伴隨而生。奧卡姆剃刀「簡單的可能才是最正確的」，對一個團隊而言，極具啟示及醒醐。把繁瑣累贅一刀砍掉，團隊領導人無妨檢討一下，各項典章制度，有多少呈現80-20現象？

簡單的可能才是最正確的

網路上流傳一份台電工安事故單，事故發生是一名台電員工走路撞到玻璃門受傷，工安事故單上蓋了13顆章，真「週全」，最「負責」的是人不在也蓋章，還蓋「公出」，不知要證明什麼。不小心撞到玻璃門受傷，要走13顆章的SOP，人員成了流程的棋子，很像帕金森定律（Parkinson's Law）中的老太婆。在企業團隊發展過程，要把事情變複雜很簡單，把事情變簡單反而很複雜。就好像一般常說的「由儉入奢易，由奢入儉難」。

許多企業落實簡約法則的第一步是定期盤點多餘的、不合宜的典章制度、流程表報。盤點典章制度、流程表報，雖然不是驚天動地的大事，但卻常會連接到團隊組織結構的討論，組織結構的討論又牽涉到團隊核心價值。所以，定期由典章制度、流程表報的盤點著手，是一個團隊能否簡單美麗的起步。

團隊合作本就是很人性化的，也很需要典章制度等來規導脈絡，但若過多過細的繁文縟節，反而束縛了團隊的上下管理、左右協調以及整體溝通的人際關係，進而浪費人力資源並阻攔人的創造力。此乃為什麼許多企業落實簡約法則的第一步是由典章制度等著手。

隨時心存奧卡姆剃刀

對歷史悠久的老企業，組織、制度的複雜程度已非一朝一夕，奧卡姆剃刀若是出鞘，就容易有抗拒與陣痛，因此有時必須出動重型武器。GE前執行長傑克威爾許（Jack Welch）被稱為「中子彈傑克」（Neutron Jack）就是一例。所以，為免複雜化後的重武器相向，導致損傷，團隊成員必須隨時心存奧卡姆剃刀，隨時清理不合經營所需的制度、部門等。

Jack Welch為了使GE 更具有競爭力，提出「數一數二哲學」，來簡化規模與人力。在Welch的理念中，任何事業部門若不能在其特定產業中居第一或第二地位，就須完全離開該產業。第一或第二並不僅指企業規模，亦須同時強調效率、人員素質、成本控制和全球化等核心競爭力，否則即使曾經是GE的指標性業務，也要立即關閉或出售，以免有限資源散離GE的專長。這項策略使GE擁有合理並持續創造高效益的經營結構與人力。

團隊不斷成長，組織、制度相對也變得複雜，看似合理；實際上，團隊可能以組織制度的複雜化做為逃避責任的庇護，因而促成團隊變得老態龍鍾。所以，團隊經營天條之一是不要人為的把事情複雜化，隨時一刀砍掉繁瑣累贅。否則，在團隊合作的歷程中，當走完所需的流程，可能已無合作的必要，因團隊可能已不再是團隊。

*Drucker Quote*杜拉克格言

3 企業文化把策略當早餐

經營理念、企業精神和企業目標遠比技術資源、企業結構及發明創造重要得多，這觀點來自IBM公司前總裁Thomas J. Watson Jr.。基本上，經營理念、企業精神和企業目標（願景）都是企業文化中的主要元素。容或不同團隊可能有不同的文化範疇，但企業文化代表的是團隊上下共同遵循的價值觀，也是團隊所有成員都一致認知的行為準則。

團隊，團結的隊伍。沒有共同的價值觀，沒有一致的行為準則，就不會有團結文化，也不叫團隊，更不須奢言會有團隊合作。彼得杜拉克（Peter Drucker）有一句名言：文化把策略當早餐（Culture eats strategy for breakfast.）。意思是任何策略都要築基於企業文化上，否則策略很難被執行，縱然被執行也很難生根。

不失攤頭仔的精神

鬍鬚張魯肉飯從路邊攤賣到全世界都知道，由攤販蛻變成連鎖企業，在其企業文化中，以「一定不要失掉攤頭仔精神」為中心，正是這份精神的傳承，使鬍鬚張充份發揮庶民文化的親近性，而能與麥當勞等速食連鎖相提並論。

也由於客戶在門市消費，舉凡接待、點菜、上菜、收碗、清桌、收銀、送客都需主管與成員團隊合作，因此鬍鬚張的企業文化很強調以人為中心。張永昌董事長說：董事長是員工，總經理是員工，大家都是員工，秉持「你好、我好、大家好」的原則，讓每位鬍鬚張員工都可以安心，一起經營這個魯肉飯王國。

以人為中心，人的熱忱就會自然滋長揮灑。員工有熱忱，不須提醒，就會面帶笑容；不須督促，就能自動自發。有熱忱的員工會用負責任的態度，去完成每一件該做的事，也會進一步發揮創意，做到很多原本可能做不到的事。

不失攤頭仔的精神，並不是死抱過去的回憶。魯肉飯是傳統的、鄉土的，死抱的結果勢必與新生的消費者、員工脫節，而使企業文化無法昇華延續。鬍鬚張將鬍鬚頭logo變裝成骷髏頭，更是企業文化昇華的經典。該鬍鬚頭是現任董事長張永昌尊翁的素描，在許多企業，那是不可動的，何況是把創始人變成骷髏。但是當美食遇上潮流，想不昇華都不行，死抱美食敝帚自珍，將漸失消費者以及員工對企業文化的新生向心力。

志同道合是企業文化的必然

有人可能會覺得企業文化太過形而上，這種觀念是有待斟酌的。事實上，企業在草創初期，創業者多為理念相近的志同道合者，不太需要公開表明團隊的行為準則和價值觀，以互相遵循。就算組織擴大成幾十人，因為都是由創業的核心成員所挑選，人才的選取上似乎也不會有太大的差異。而且核心成員理念及精神所外顯出的行為，也很容易被不多的成員所看見、所接觸。基本上，在團隊規模不大時，團隊核心的主管很容易由實際的作為顯露出所代表的企業文化。

但是，當企業從幾十人變成幾百人以後，核心人員再好的理念及精神所外顯出的行為，恐怕很難被多數員工看到及接觸到。如何凝聚團隊的士氣，使其在共同的價值觀、一致的行為準則下，共同為企業願景努力，變得無比重要。從志同道合的眼光來看，願景就是志，價值觀和行為準則就是道，這兩者是凝聚企業團結一致的方法，也是企業對社會的一種交代。

志同道合，有相同的語言，才有同心協力的可能。同心協力就是團隊合作，藉由企業文化提倡，使來自不同環境長大的員工漸趨志同道合。這過程，最重要者還是以團隊主管及主要成員的行為莫屬。就好像在創新是王道（innovation is king）的Apple 電腦，如果有人提出的策略不是全新的，他可能被踢出蘋果總部，因為不夠志同道合。

企業文化並非不能改，但從許多實務中顯示：企業文化的改變都是隨社會及經營的變遷慢慢一點一滴的轉化，這慢慢一點一滴是指對已深化在成員潛意識中的既有企業文化。這也是所謂「要吃一隻象，一次吃一口（eating an elephant one bite at time）」，如果試圖一次以全新的企業文化取代原有文化，恐怕現有成員一下子無法適應。

80-20 Rule 80-20法則

4 神秘的不平衡與重點管理

社會充滿了很多不平衡，而且它是怎麼來的，無人知，用力去調整，新的不平衡又產生，蠻神秘的。例如：

1.IMF統計2007年全世界179國之GDP（PPP）為65兆美元，其中52兆元來自22個國家，少數的11.17%國家創造了多數的80.19% GDP。

2.2008年，204個國家爭取958面北京奧運獎牌，26個國家（12.75%）拿走770面（80.38%）獎牌，剩下的19.62%獎牌才由87.25%的國家去分。

3.瑞士聯邦理工學院2011年調查發現，1%的企業掌握了全球40%的財富。

GDP小國、獎牌弱國不斷努力，可能變成大國或強國，但新的小國弱國也因此又產生，扭動不了「少數擁有多數，多數只擁有少數」的結構，此稱為80-20法則（80-20 Rule），是由義大利Vilfredo Pareto發現80%的土地由20%人擁有而來，學理上稱為帕雷托法則（Pareto Principle）或關鍵少數法則（The Law of The Vital Few）。80-20之80%及20%數值只代表多數、少數之意，並不是絕對的80%、20%。

不能放任神秘的不平衡

從社會縮影到一個企業團隊，80-20的「神秘不平衡」現象也是無所不在。如在銷售管理中，多數的營收來自少數的客戶，也來自少數的產品品項，亦是由少數的業務人員或部門所創造。在團隊合作中，少數的項目發生缺失的頻率比較高，多數的缺失好像常集中在少數某些人的身上，在會議上會表達看法的就是少數那幾位；喜歡讚美別人、比較「雞婆」、比較「破格」的，好像也只是少數幾個人，多數是沈默、跟隨或是不希罕的；或是解決20%的問題佔掉主管80%的時間等等。

每個主管都知道他的團隊存有類似的80-20現象，也隨時在討論並推動對策，但年復一年，80-20的現象依然存在。難怪80-20被稱為法則，亦有人說其為自然現象。但在經營的角度上，並不能因其具自然特性而放任。

不放任自然，並非人可跨越自然。而是80-20現象是一個量的統計，團隊經營的目標是在提升80-20中的「值」或「質」。中華電信自2008年開始推動服務提升，並進行SGS

Qualicert服務認證。當時，有的電信業者還偷笑，認為其不可能脫胎換骨。到2010及2011年，中華電信連獲兩年《遠見雜誌》電信業服務評比第一名。

在2008年以前，中華電信的服務確實不討喜，但卻存有80-20現象；2010年以後，服務令人擊掌，然80-20現象亦在。其間之差異就在80-20的級距分界提高了，假設2008年只要服務評分60分就可列為前80%好店，到2010年必須要90分才能列入80%好店。80-20依然80-20，這是自然現象；但60分到90分，就是不放任的態度。

ABC重點管理

從60分到90分並不是魔法，而是80%好店以其情況與需求為重點，給予相關輔導和訓練，20%的不好店亦然。使80%好店及20%不好店的平均水準提高，自然80-20的級距分界水準也會上升。但80-20法則只有多數與少數兩個級距，對講究精細管理的企業而言是不夠的，於是乃發展出三個級距的ABC管理（ABC Analysis），甚至有企業分成AA至CC九個級距。

級距細分化最主要的目的是更精確掌握不同情況，得以貼近其需求，施以對症的輔導。此即為積極的重點管理概念，不同於傳統的重點管理。

1.傳統的80-20重點管理主要在強調團隊主管之職責在掌握80%好的事務，但積極的概念是主管要走入黑暗。主管不到艱困地區、不處理狗屁嘮叨的事，又如何要求下屬把艱困變繁華，把狗屁嘮叨消除？

2.重點管理不是死的，是動態的，以上述之60分到90分為例，當平均到70分時，80%好店是哪幾家，不盡然與60分時的好店相同，為什麼原來的好店沒有跟上來？經過60分到70分的輔導，情況不同了，新需求又是哪些？哪些店能自動自主？哪些店還是要緊盯？時時掌握動態，對症輔導。

3.在不斷提升級距分界水準下，80%、20%將逐漸變得更集中。例如當不好店由20%減少為5%，團隊主管要思考的是：此5%不好店的存在是否會影響95%好店維持好服務的心理，以及持續輔導5%不好店的C/P值。

*Murphy's Law*墨菲定律

5 會發生的終究會發生

如果有兩種以上的選擇，其中一種將導致災難，則必定有人會做出這種選擇（If there are two or more ways to do something, and one of those ways can result in a catastrophe, then someone will do it.），這就是著名的墨菲定律（Murphy's Law）原句。一般簡化為：凡是可能出錯的事，就真的會出錯（Anything that can go wrong will go wrong.）。悲觀主義的元素似乎隱伏其中。

把墨菲定律當成安全閥

團隊合作涉及的因素非常複雜，很多狀況的發生，雖有時連當事人也難以清楚解釋，但團隊主管與成員也不能以此為藉口，逃避確保不出錯的承諾。墨菲定律這個經驗法則給團隊合作一個很重要的啟示：會發生的事，總會發生，團隊主管必須對所有可能會發生的事情，做好周全的準備。

執台灣行銷顧問業牛耳的純粹創意公司，內部有一項不成文的「墨菲三條」，雖不在明文的制度規範之列，卻是考核團隊主管的KPI之一。推行數年，不但是客戶滿意的保證，也逐漸形成一種企業文化。

每一升任主管者，均會被耳提面命「墨菲三條」；已居主管者，則隨時會被高階主管突擊。純粹創意的「墨菲三條」是：

1.向客戶簡報的未來策略，一定是具體可行，確定不是天馬行空。

2.交辦工作給部屬，心裡一定要有屆時部屬做不到的因應對策，未雨綢繆。

3.平時管控進度，一定要思考有無比原計劃更好的做法，創新而不因循。

大主管通常會問的是：某某案件，突然發生什麼狀況時，你會如何應付？若答不出，一是被「海唸」一頓。純粹創意公司經營層的思考：主管若不在心中時常嘀咕此種問題，屆時出狀況，一定手忙腳亂。其認為「墨菲三條」是一確保品質的安全閥，可提高團隊成員對案件和順推動的自覺性。

身為主管若不能未雨綢繆，於不疑處起疑，就沒辦法解決客戶、成員的問題，遑論協助客戶、成員及自己成長。對

「墨菲三條」的堅持，純粹創意公司得以在台北年貨大街及花卉博覽會有亮麗的表現。

於不疑處起疑

既然遲早會發生狀況，差錯不可避免，就不應該怪團隊主管難有作為，這一種是消極的態度。另一種積極的態度就像純粹創意公司一樣，未雨綢繆，不天馬行空，於不疑處起疑；差錯雖不可避免，狀況遲早要發生，那麼團隊主管就不能有絲毫放鬆的心情，多思考、多警覺，防止突發狀況發生時的人馬雜沓。

墨菲定律揭示了一種獨特的社會及自然現象，其極端表述是：如果壞事有可能發生，不管其機率有多小，總會在最糟的時候發生，並可能造成最大的破壞。所以團隊主管要特別在意：

1.任何團隊運轉的事情，不能推、拖、拉。

2.事情自由發展，可能只會更糟，平時像包粽子一樣，偶而拉拉粽頭。

3.於不疑處起疑，常常可以發現一些隱性的缺失。

4.隱性的缺失常常在不隱性的地方被發現。

5.不能只憑表面，就下決斷。

6.每件看似順利的事情，必定有什麼細節被疏忽了。

7.魔鬼常常生存在眾人都不陌生的細節裡。

有人說：解決問題的技巧手段越高明，面臨的麻煩可能就越嚴重。這說法可能顛覆傳統的思維，不過確也是事實。因有些問題可能被高明的技巧手段所掩蓋，待此些問題爆開來，可能變得更棘手。問題照舊還會發生，而且永遠如影隨形，墨菲定律的啟示，團隊成員最好以想得更周到、更全面，準備多面向的腹案，來防止偶然發生的人為或非人為的變化，以將災難和損失降到最低。

雖然會發生的事，總會發生，但避免船到橋頭自然直的心態。站在競爭的角度，提早一天準備，就比競爭對手多一天應變的時間。

*Second Best Theorem*次佳理論

6 一秒鐘60人挖幾個洞

1個人一分鐘可以挖一個洞，60個人一秒鐘可能挖不了一個洞。這實在很諷刺，有很多鼎鼎大名的企業家如是說：團隊合作是企業成功的保證。的確，不重視團隊合作的企業，連取得成功的門票都有困難。

團隊合作是人與人的合作，但人與人的合作不是人力的相加，反而複雜、微妙得多。在人與人的合作中，假定每一個人的能力都為1，那麼10個人的合作結果有時比10大得多，有時甚至比1還要小。因為每個人有不同的思慮與利益，相互合作時，事半功倍，相互抵觸時，則一事無成。因此，團隊主管必須要考慮合理的人才組合，使成員間互補協作，充分發揮各成員的優勢，實現團隊的有效合作。

你有團隊精神嗎？

一個團隊是否能有效合作，只要看團隊主管是否隨時確實檢討自己是不是具有團隊精神，就可判定。常見主管夸夸而談團隊合作，但卻疏於談到自己如何檢討自己，這是很糟糕的。因為合作不是手牽手的熱情，也不是訓話的用辭，而是必須實際並帶動成員力行的。

有如華納兄弟2007年出品的「The Bucket List」（中譯：「一路玩到掛」或「遺願清單」）電影，片中有兩句問話：「你在世上快樂嗎？」，「你在世上有沒有幫助別人找到快樂？」。團隊主管自我檢討也是兩大面向，一是「我完成促進合作的基本工作了嗎？」，另一為「我幫助團隊成員更樂於緊密合作了嗎？」。

身為團隊主管，促進合作的基本工作包括：鼓舞成員表達出意見和感受，樂於與成員分享自己的意見和感受，明確分配工作計畫，提醒成員注意須完成的任務，確認每一成員熟知工作及任務分配，確認成員間工作銜接環節的清晰度，總結成員提出的觀點或建議，並明確下達決策。

幫助團隊成員更樂於緊密合作則有：鼓舞成員執行工作與任務的活力；利用良好的溝通技巧，幫助成員交流；協助成員舒壓，增進一同工作的樂趣，公開讚揚成員出色的行為；協調成員間的衝突、分歧，增進小組凝聚力；執行管控，幫助成員如何能更好地工作。

有限資源下的最適解決方案

成員間的衝突與分歧常是團隊合作發生裂痕的開始，明顯的對錯是非，比較容易有公斷，要造成衝突與分歧的可能性不大。較常見而且難處理的是「最好」與「最適」的爭執。團隊主管處理此問題時，資訊一定要儘可能的公開，而且對不同意見者資訊要對等。

在有限資源下，若每項都想做到最好，最終之績效不一定是最好。就好像十項全能運動的選手，在一定的體能下，從第一項就使出全力攫取第一，可能到第五項，氣力放盡，接下來的成績都鴉鴉烏，十項總分拿不到第一。但若其調配體能，雖每一項只拿第二，十項總分可能就是冠軍。這就是經濟學裡有名的次佳理論（Second Best Theorem）的思考。

傳銷產業上線協助下線的熱情，基本上可以說是各行各業的翹楚。美商美樂家公司更進一步，在各地普設健康生活館，供上下線訓練交流以及傳銷商提貨等物流服務。20-30個中小型生活館之各項管理，相對上可能比只有幾個大型館瑣碎複雜，門面也不夠氣派；20-30個生活館之庫存量，商品調撥管控也會比較有壓力與風險。蓋幾間光鮮亮麗的生活館，就好像每一項要拿第一，美樂家寧願拿第二，但每項第二加總所形成幫助上下線傳銷商的成效總成績，卻拿到冠軍，使團隊成員更樂於緊密合作的心理及行為，也因此形成良性循環。

60個人一秒鐘挖不了一個洞嗎？或許可以。這不是腦筋急轉彎，而是看團隊主管怎麼做出最適的決策。

*Hawthorne Effect*霍桑效應

團隊經營不能脫離社會

1924年，將近90年前，美國的西方電氣公司（Western Electric Company）在其霍桑廠（Hawthorne Plant）進行與其本業經營有關的「不同照明度對工作表現的影響」，希望藉此有益於其照明產品的銷售。很洩氣的，研究結果潑了照明度與工作績效的關聯性一大盆冷水，而且還研究出一堆與本業產品無關的促進工作表現因素。這在一般的企業，可能就會中止相關研究，但西方電氣公司卻持續長達12年的研究，時至今日，仍是企業經營圭臬的霍桑效應（Hawthorne Effect）。

梅奧（George Elton Mayo）的一部霍桑效應，影響近百年，縱然社會及企業經營環境已然大變，其仍屹立不搖。一百年歷史，其實不須事事都精彩一百，有道是「鴨子一隻勝過蚯蚓一畚箕」，一部霍桑效應，就精彩一百年了。

團隊成員是社會人

很多企業團隊的管理，把成員當成「企業人」，認為金錢等物質是刺激積極性的主要動力；其實「企業人」也是「社會人」，是複雜社會中的一員。因此，要促進團隊成員的工作積極性，必須從社會、心理方面去思考，不是只從企業環境的工作方法和工作條件著力。霍桑效應就啟示了工作效率的提升，主要取決於成員的積極性、家庭和社會生活，以及在團隊中的人際關係。

金錢等物質固然是激勵的主要工具，但在團隊成員所要滿足的需要中，金錢只是其中的一部分，大部分的需要是感情上的慰藉、安全感、和諧、歸屬感，也就是後來馬斯洛（Abraham Maslow）提出的需求層次理論（Hierarchy of Needs）。但不論是物質或非物質激勵工具，都不是長效性的，都有其邊際效用遞減的可能。

包括各級主管、團隊成員，不生在團隊，也不全然長在團隊，和一般團隊經營所強調的「全力投入工作」是有些扞格的。團隊工作可能是團隊成員成長的大部份，但不是全

部。任何團隊成員，其生活所接觸的，除了團隊，還有家庭與社會，尤其是現代社會，網際網路及社群影響更不容小覷，這些都撥弄著團隊成員的理性與感性思考，自然也左右其需求層次、工作效率等等。

這個事實意味著團隊合作的促成不再只是工作上的溝通，而絕大部份是與工作無關的私領域，現代的團隊經營對此不能忽視，也是霍桑效應傳到現代的啟示。因此，團隊的主管，尤其是低階主管應更重視以同理心關心所轄成員。而同理心則是築基於成員的社會經驗，亦即若沒有多元且足夠的社會經驗，要協助成員成長是有困難的。

團隊中的小群體

一般的團隊經營大多只注意到為了實現團隊目標而規範的組織架構、職權關係、規章制度等，但實際上，除了正式組織外，正常的團隊通常都還存在或多或少的非正式小群體，這些小群體的存在有其特殊的情感和傾向，有可能左右著成員的行為，對團隊的運轉也可能有舉足輕重的影響。

霍桑效應認為這種小群體，對內在於控制其成員的行為，對外則為保護其成員，有共同遵循的觀念、價值標準、行為準則和道德規範，使之不受來自管理階層的干預，並影響團隊的領導效能與經營的決策。

除了霍桑所指的小群體，其實在團隊中，還有更多自然形成的鬆散小群體，不似霍桑小群體那麼有組織性與影響力。其之形成，可能因有某些共同的屬性，也可能只是同事關係，常聚在一起。這種鬆散小群體的成員比較同一階層，但在其同樂唱唱歌，發發牢騷中，也常會對團隊的領導效能與經營決策有所臧否，因而形成一股隱性的力量。

不論是霍桑小群體或鬆散小群體，其存在是極正常不過，就好像一個參考群體（reference group），團隊主管平常若能多接觸其意見領袖（opinion leader），對團隊合作及團隊經營裨益必大。

*The Apollo Syndrome*阿波羅症候群

8 一群聰明人不要變成集體性愚蠢

藉由各種方法，千挑萬選出能力強的菁英組織成的「夢幻團隊」，成員們經常耗費過多時間在爭辯，只為了試圖說服其他成員接受自己的觀點，或是意圖挑出別人論點中的缺失。過多無益的內耗，最後的總體表現反而比不過一個「平庸」的團隊。此外，「夢幻團隊」也可能會產生制定決策的困難，因每個人都堅持自己的立場，難以協調。

阿波羅症候群（The Apollo Syndrome）就是在說明這種由能力高超的個人所組成的團隊，可能集體表現欠佳，變成集體性愚蠢。

塑造命運共同體的氛圍

正如前篇木桶定律所言：木材再好，身為箍桶師傅的團隊主管若箍得零零落落，團隊的競爭力一定奇弱無比。紓解阿波羅症候群可能的危害，首要仍在選材，才華或能力固然是成就優秀團隊的要件之一，但不能迷信菁英。一個無法與他人並肩完成共同目標的人，縱然才高八斗，若聘用他，就好像木桶的木板都是10公分，找來一片15公分的，那無疑是神經病。

的確，大多數團隊領導人沒有神經病，「小廟不容大神」的道理淺顯易見。但在實際人資運作中，人員素質仍有80-20現象，一群人中相對上總有少數「菁英」，縱然去除少數「菁英」，剩下的那群人中相對上還是存有「次菁英」。

所以，在正常的團隊中，成員的素質有所謂的「菁英」與「非菁英」，箍桶師傅塑造出命運共同體的氛圍，檢討自己的協調溝通力，才是提升團隊合作的基石，其共有三層次：

1.讓「菁英」不變成「非菁英」，而發生集體性愚蠢；

2.讓「菁英」不自以為了不起，與「非菁英」並肩完成共同目標；

3.讓「非菁英」能在合作與激盪之下，變得比原來更優秀。

菁英組成的「夢幻團隊」未必然造成阿波羅症候群而失敗，重點是需探討成員愈是傑出，團隊績效為何未愈高。因此關鍵便不在於網羅才能或智力最頂尖的人才，而是在設計團隊時，必須確保團隊內集結了具備不同特質的成員，以及有一足可以讓各種人才信服的主管。團隊主管一定要認清：所謂的「傑出」，是指人相對於其所擔負的工作，不是人與人之間的評價。

袪除集體性愚蠢的可能

團隊主管的角色的確很吃重，但不是要天縱英明、十八般武藝樣樣精通，重要的是其人格特質能否引導一群不計利益，肯賣命，能貢獻專業意見的成員。廣告之父——奧美廣告David M. Ogilvy的看法是：雇用比自己更強的人，就能成為巨人公司。如果團隊主管用的人都比他差，那麼團隊就只能做出比他更差的事情。

根據The New York Times報導：美國鋼鐵大王卡內基（Andrew Carnegie，不是卡內基訓練的卡內基）的墓誌銘：長眠在此者，懂得聘用比他好的人一齊共事（Here lies a man who knew how to enlist in his service better men than himself）。所以，團隊主管時時要自思以下優秀領導人的共同點：

1.讓成員都擁有共同的夢想，願意團結，全力以赴。

2.衝突發生時，彼此願意以大局為重，相互忍讓。

3.團隊目標有一個真正或假想的競爭對手，激發挑戰心及求勝意志。

4.灌輸不該被輕視的情境，讓別人不敢輕侮。

5.激發團隊成員為任務奉獻，犧牲私人利益。

6.團隊中不分階級、很開放、講平等。

7.注意團隊的工作氣氛及彼此的互動及默契，要能適人適所。

一群剽悍的球員組成的球隊，打不出漂亮的成績，誰該打屁股，球員或球隊經理？兩者都要，但球隊經理要被打得較大力。然而是不是覺得自己已經夠剽悍了，看不起次剽悍的來搭配，或是拒絕超剽悍的來搶功，這又是另一層次的課題。不過，當優秀的團隊認為自己優秀，即是自己要埋葬自己的時候，雖然墓誌銘上會寫著優秀。

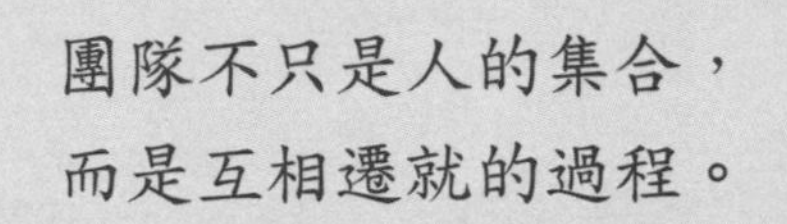

團隊不只是人的集合，
而是互相遷就的過程。

A team is more than a collection of people.
It is a process of give and take.

——芭芭拉葛雷素*Barbara Glacel*——
美國企管專家

B. 營造團隊的合作氛圍

*Mushroom Management*蘑菇管理

9 黑暗是人才養成的最佳肥料

有人提出研究證實，在不健全的體制下，即使有才華的人也無法出類拔萃；但具完善制度的企業，如豐田汽車，卻能讓平庸之才在受過完整訓練後，也能變成超級巨星。

很多應徵求職的年輕人常會問：有沒有教育訓練制度？大部份企業的徵人廣告上通常也會標明：有完善的訓練制度。這一搭一唱間，好像有訓練就是優秀企業，好像有訓練就可以出類拔萃。但在所謂有良好健全制度的企業，人人都能被訓練成良材嗎？在陰暗的爛泥中，自己就不能長成好材嗎？

蘑菇在陰暗中被澆大便

團隊的新進成員常常會感覺到不受重視，只是做一些打雜跑腿的工作，有時還會受到無端的批評或指責。好像團隊任其自生自滅，也未提供必要的指導和提攜。這種情境與蘑菇的生長環境極為相似，因而有蘑菇管理（Mushroom

Management）的說法，指的是團隊或老成員對待新進成員的一種心態。

有些新進成員對蘑菇管理的待遇，常會很不以為然，其實不必如此無奈。任何團隊對新進的成員大抵都是如此，不會有多大的差別；也不必覺得初入團隊，有完整的新人訓練，有老成員關心，就飄飄然，前途一片光明。

不論是否面對到蘑菇管理或類似的環境，新進成員的正面態度是順利走過「熟悉新環境」的必經過程，並從過程中吸取經驗，提前成熟起來，樹立值得老成員信賴的形象。如果不能提前成熟，長了半天還只是鈕扣大的蘑菇，或根本不成形，那不論出身多了不起，以前有多傑出，夭折在新環境的可能性極高。

不必去想什麼「天將降大任於斯人」的大道理，夢想什麼「方為人上人」的大願景，新進成員就只有一個「新」字，以前的經歷能否成為提前成熟的肥料，還得視你如何去適應新環境。既然如此，去做就對了，Just

Do It，不需想太多。反正進到一個新團隊，本就該拼命吸收養分，不必去理會是化肥、有機肥，還是大便。

戲棚下站久就是你的

有些新進成員抱持著「先就業後擇業」的想法，很難說對錯，這觀念牽涉到個人理想，但有兩點提供給有「先就業後擇業」想法者參考：一是，已吸收應有的養分了嗎？二是，已有融合不同養分的能力了嗎？

一個團隊既能成為團隊，必有其能耐，不必嫌自己的團隊。加入一個團隊，隨時要檢討自己是不是已挖到了寶，而不要老是嫌自己所進的不是寶山。一般人總是看到不符合自己心意的，就認為不是寶，不值得待下來。不是寶，就認為不值得學習，這觀念一定要跳脫；真正會猛灌養分的是不符合你心意的，也就是不斷把「異見」加入成為自己的經驗，這才是寶。

人的能力成長本就是靠著不同的意見衝擊，來健全思考邏輯的。這也是為何「戲棚下站久就是你的」這句話能流傳那麼久。能站在戲台上就有他的實力，看到演得好的地方，學起來，將來自己用；看到演得不好的地方，也學起來，警惕自己將來不要重蹈覆轍。不要看到演得不好，就訐譙離席，如此將永遠只學到半套。所以不要以為不符合你心意的就很爛，因為如果真的爛，就不會還存在，而且還有能力聘用你。當然，每個人都有大聲說出「良禽擇木而棲」的自由，但不如想想自己已經是良禽了嗎？

2012年紐約尼克（Knicks）隊的林書豪，大家為之瘋狂。但在這之前，林書豪不過是各球隊丟來丟去，只能坐在板凳看球的nobody。大部份人坐板凳，哀怨居多；林書豪卻是不斷吸收，不斷揣摩，待有機會上場，狠狠的表現。當大家叫他Linsanity（林來瘋），他並未失心，反而處處表現謙虛。若不是如此謙虛，林書豪打得好，反可能促使團隊破裂，因薪水比他高、成就比他大、比他更有名的人，不可能在他的指揮之下，把團隊效能做得這麼好。

四處擇木，吸取不同養分，看起來或許是不錯的主意。但你具備了融合不同養分的能力了嗎？如果沒有，那化肥、有機肥、千年何首烏都來，一定會消化不良的。融合不同養分的能力指的是思考邏輯，亦即你對團隊經營已有一套自己的思考，那麼就展翅高飛吧！如果還沒有，無妨安居在固定枝頭上，管他環境是蘑菇還是魔菇，吸取足夠養分再飛吧！

*Parkinson's Law*帕金森定律

10 冗員逐增的併發症

瞥見「中央暨地方機關公務人員升等考試」的一道題目：在組織的病態現象觀察中，描述冗員逐增現象的定律是什麼？不禁令人啞然失笑，一個冗員逐增的政府團隊，考人家冗員逐增，是自知之明，或是自我感覺良好，抑或犯了帕金森的「組織麻痺症」（Organizational paralysis）。

愛說笑的帕金森喜歡研究組織病態的各種現象，留下了連升官都要考的帕金森定律（Parkinson's Law）。該定律強調之涵義在於：團隊主管藉增加人員來凸顯其團隊的重要性，故極力爭取增加人員，但增加人員「數量」，卻未必增進人力「素質」，反而衍生出管理上的問題。

帕金森的組織病態

人力資源在企業團隊的發展中，一向是重要的課題。在篳路藍縷時，人人身兼數職不嫌累，溝通也無比順暢。出現成績後，人員開始增加，也開始分工，團隊的質變於焉展開。當發展至一定規模，下列三則組織病態現象便會隱隱約約出現：

1.成員人數多，代表團隊重要性高。

2.一流用一流，二流則用三流人才。

3.增加工作，消耗時間。

團隊成員人數多，所佔用的辦公室空間也大，身為團隊主管，對那種率領千軍萬馬的架式自是飄飄然，不自主的自我感覺重要。當團隊的重要性參雜此種因素，就是「臃腫團隊」病象的開始；隨著團隊「臃腫」的病象，導致腦血管不靈光，原本一流的主管變成二流。愛開玩笑的帕金森說：主管增補人員就會進用才智較為平庸者，以免日後成為自己升遷的競爭者。因此有「第一流人才進用第一流人才，第二流人才則招用第三流人才」（The first rate people hire first rate, but second rate people hire third rate people.）的「用人不如己者」現象，嚴重戕害團隊合作及競爭力。

人數增加，挑戰性的任務沒有增加，團隊成員並不會因此而減輕工作，反而會質變為「人多事繁」，亦即人力數量增加，團隊成員為表現自己很忙，很重要，無可取代，自然併發「增加工作以消耗時間」症狀。開始把簡單的流程瑣碎化，簡單的工作複雜化。瑣碎複雜化後，團隊不只人力「臃

腫」，連品質也「臃腫」，以致於又墮入帕金森的另一瑣碎定律（Law of Triviality）中。

帕金森的老太婆

一個忙人20分鐘可以寄出一疊明信片，但一個無所事事的老太婆可能要花一整天才寄出一張明信片。帕金森的老太婆花1小時找明信片，尋眼鏡也1小時，查地址半個鐘頭，寫問候的話1小時又15分......。團隊成員如果像老太婆，工作會自動膨脹，占滿所有可用的時間，如果時間充裕，也會放慢工作節奏或是增添其他項目，以便用掉所有的時間。

人數增加，挑戰性的任務沒有增加，帕金森認為團隊成員間便會互相增加工作內容來消耗時間（work expands so as to fill the time available），表面上團隊主管及成員都很忙，卻無效率效能可言。工作時間越充裕，工作進度就越慢，在「組織麻痺症」發作下，很多工作常會被拖延到期限的最後一天才完成。

「一刀砍掉繁瑣累贅」篇中提到的台電工安事故單上蓋了13顆章，就是互相增加工作的典型。不過也還好，從蓋章的速度可以看出其不是帕金森的老太婆，而應該是20分鐘可以蓋出一大疊公事的忙人。但又如何？13顆章有換來工安事故減少的績效嗎？

有位健康專家說：現代人衣食溫飽，但時間到就吃三餐，而不是肚子餓才去進食。久而久之，身體組織的飢餓警示功能可能退化，各種病症於焉產生。既然吃太飽會變「臃腫」，不如偶而餓一下肚子，精神可能反而會更好。團隊主管無妨深思一下，維持「有點夠又不太夠」的成員規模，工作進度的控制也維持「有點趕又不會太趕」。團隊內的溝通與工作績效，可能出奇的美妙。

*Gresham's Law*格雷漢法則

11 劣幣驅逐良幣

劣幣驅逐良幣（Bad money drives out good.），也稱格雷漢法則（Gresham's Law），是以16世紀英國伊麗莎白一世的鑄幣局長湯瑪斯格雷漢（Thomas Gresham）命名，其實在格雷漢之前已有不少人提出此一貨幣現象。他們一致觀察到：消費者保留貴金屬含量高的貨幣（undebased money），而以成色較差的貨幣（debased money）進行交易與流通；慢慢的，成色好的良幣就會被收藏，或重新鑄造出更多成色較差的貨幣，良幣就消失在市場之中。

此法則目前已被廣泛用於非經濟學的層面，其泛指：壞的、不適當的當道，好的、適當的則會隱縮；隱縮的好的、適當的，反而會被當成異類而排除，就好像現代的網路搜尋功能。在網路搜尋「煮蛙效應」，「青蛙放入沸水中，會立即竄出去」幾乎佔有全部版面，而真正的「青蛙放入沸水中就死了」則不知被排到搜尋的哪一個角落。

希望鱷魚最後才吃他

曾有位職場中人，寫出一段她的經歷：有一種人，專門喜歡鬥爭別人，也許是本性好鬥，也許是嚐過甜頭。什麼甜頭呢？因為勇於鬥爭，其他人受不了勾心鬥角的日子，再說又不是自己沒本事，何必留在這裡受苦受難，隨便也可找到別的工作，於是就離職了。把別人鬥走，就成為資歷最深的人了，於是自動升為老大，橫行辦公室，順我者生。有這種人在的公司，人事很難穩定，勇於內鬥的結果，公司對外還有競爭力嗎？

成員相處的爭議，在團隊中常有所聞，團隊主管若疏於聞問，很容易使良幣一直流失，而劣幣卻永遠長存。避免此種情形最有效的方法是團隊主管必須隨時接觸並了解團隊中「意見領袖」的動態，「意見領袖」不一定是主管，可能是比較資深者，就如上例中的那位老大。通常這種老大類型的特色是喜歡串門子，自認受主管倚賴者。

團隊中的「意見領袖」若是有正確的理念，絕對是團隊之福，因很多團隊的溝通可藉其和諧推動，減低溝通位差效應（Communication Gap Effect）的影響。但如其不具正確的理念，搬弄是非，甚至假傳聖旨，不論其是否受主管倚賴，團隊主管必不能姑息，要清楚指正。主管不能擔心其萬一拂袖而去，頓失倚賴所產生的動盪。

姑息當道良幣不再

姑息就如養鱷魚，而希望鱷魚最後才吃他（An appeaser is one who feeds a crocodile, hoping it will eat him last.），這是英相邱吉爾的名言。團隊主管對某件事的姑息，縱然下不為例言之鑿鑿，但已然在團隊合作的氣氛埋下容許錯誤的種子。種子一埋下，團隊主管可能至少要花兩倍以上的力氣才能防止其生根。例如主管對工作進度拖延以「下不為例」沒責罰，成員可以就會一次、兩次的聽其言、觀其行，來確認主管是否真的「下不為例」。如果在重建成員信任期間，主管又破例，那被主管所姑息的事件，可能就會形成團隊中的劣幣。

團隊之存在不只是人的集合，而是建立在成員間相互遷就磨合，並因而產生合作與激盪，使成員變得比原來更優秀，容或成員能力或其行為的品質相對上有高有低。但若姑息的氣氛蔓延在團隊平常的作為生活中，反淘汰的效應就會接踵而至，良幣會逐漸消失。

良幣不只是指優秀的人才，舉凡好的制度，好的人際關係，好的工作習慣，好的團隊文化都是。不優秀者當道，要與優秀成員相處自有難度，優秀成員易被反淘汰，顯現出之團隊實力也就因此比較差。放任好的制度不去落實，實際使用在團隊內的制度都是次一級的，團隊的品質焉能提升強化。好的團隊文化任令被曲解、打折，成員彼此之相處文化自然散漫無形。但孰令為之，團隊主管的姑息而已。所以團隊只要有姑息的種子存在，良幣必漸被劣幣驅逐，劣幣再被更劣幣淘汰，惡性循環，任何與團隊合作相關的正面效益就將蕩然無存。

好還要更好，團隊經營就會向前轉動。好固然重要，但若做不到時也無所謂，團隊經營的齒輪必然脫軌，不往下沈淪也難。

*Broken Windows Theory*破窗理論

12 打爛更多的窗戶

如果有人偷偷打破了一幢房屋的一塊窗戶玻璃，而這塊玻璃又沒及時被更換修護，別人就可能受到某些暗示性的縱容，去打爛更多的窗戶玻璃。久而久之，這些破窗戶就會給人一種沒有秩序的感覺。在這種大眾麻木不仁的氛圍中，犯罪就會滋生，這就是犯罪學中有名的破窗理論（Broken Windows Theory）。

在團隊日常行為中，也常會看到一些個別的輕微異常現象發生，因為「惡小」無人糾正，慢慢形成習慣與團隊「文化」，或演變成路徑依賴（Path Dependence）。

不姑息以避免破窗理論發生

上篇「劣幣驅逐良幣」提到邱吉爾所說的：姑息就如養鱷魚，希望鱷魚最後才吃他。任何一種輕微異常現象的存在，若是包裝在「主管都沒講話」的訊息中，這種訊息的傳遞將會導致異常現象無限擴展。例如一件報告本來應在昨天下班前交，結果今天九點一上班時交。在團隊主管未糾正的狀況下，可能會慢慢演變成：

1.同一個人，下次可能九點半，甚至今天下班才交。

2.其他的人，有樣學樣，可能都延至今天九點一上班時交。

3.其他的人，慢慢的，由今天的九點再往後延。

昨天下班，今天一上班，好像沒有時間差，看來也只是一點都不值得大驚小怪的異常，或許有些團隊根本不視為異常。團隊主管去糾正，是不是讓人以為小題大作？其實不是如此思考的，昨天下班，今天一上班，相差一個晚上，主管利用晚上看完報告，今天一上班說不定就可下決策，帶領團隊成員動起來。如果今天一上班才看，可能要在中午才下決策。半天的落後，不管競爭激烈與否，一個團隊有多少個半天可以浪費？半天可能讓一個團隊做不少事，不是嗎？

若「主管都沒講話，你囉唆什麼」的氛圍形成，每個團隊成員都落後半天，相信主管也消受不起。到時再來糾正，恐怕就很難了。團隊主管從一開始糾正一個人的一件輕微異常，絕對比異常普遍化或嚴重化後再處理，來得簡單容易。即時糾正，不姑息，是避免破窗理論發生的不二法門。

導正為正面的行為文化

日本的工廠管理常見紅牌作戰，尤在是推行5S運動時，其精神與破窗理論一致。例如機器設備上出現一點小油污或不清潔，就會貼上具有警示作用的紅牌，辦公室和生產線的環境也一樣。主要精神即在：縱然是小小的不清潔，也須迅速改善，並加上警示，以免疏忽擴散。小小的不清潔可能不會直接影響到產品的品質，但由於對小小不清潔的嚴謹與注重，擴散成對各項小地方的注意，因而使日本產品品質成為消費者信賴的指標。

由注意小地方的因和消費者信賴的果之連接，需要一段時間；因而5S推動常會因效果不明顯，而遭到挑戰，致半途而廢。中華電信在推動服務品質提升的過程也有人提出：服務品質並不一定可帶動業績。是耶？非耶？不過，服務品質不好一定不能帶動業績，這是肯定的，甚至危害中華電信的形象。因為這堅持，中華電信在2011年連獲多家評鑑機構的第一名榮譽，也使中華電信褪去以往公營事業給消費者的負面印象。

除了團隊主管不姑息，及時糾正和補救正在發生的問題，遏止問題蔓延，並導正成為正面的行為文化，成員自己不姑息自己亦是避免破窗理論的另一啟示。今天上班交可能演變到全員半天的落後，若是一個成員提早半天完成進度，演變到全員都提前半天，團隊競爭力的增長可能不是恐佈可以形容。我一直記得大約30年前，有一廣告的slogan：你知道你的競爭對手昨晚吸收了多少新知嗎？不姑息自己是個人態度的問題，自己打破一扇窗，容忍自己，就可能漸漸的自毀更多扇窗，而不自知。

對團隊成員而言，勿以善小而不為，勿以惡小而為之。對團隊主管而言，勿以善小不讚美，勿以惡小不糾正。

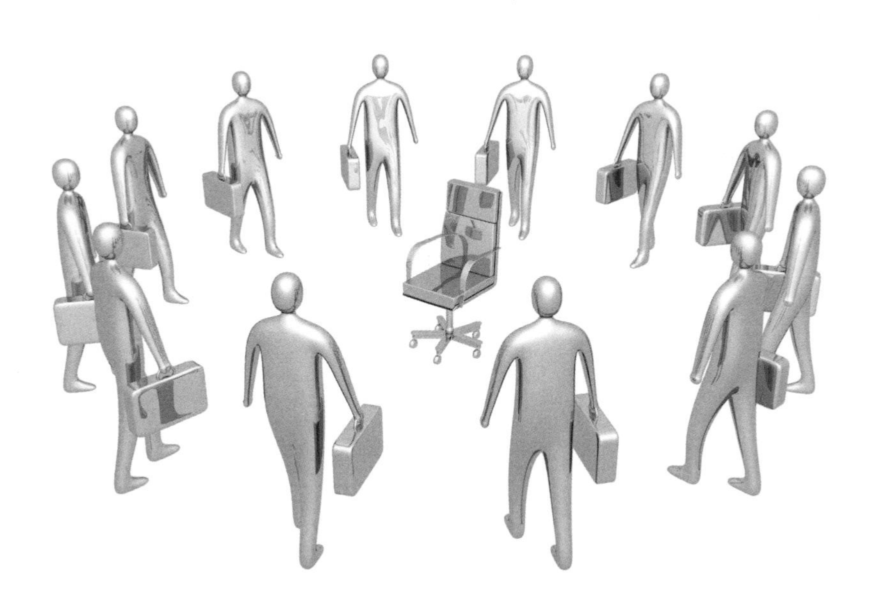

*Hot Stove Effect*熱爐效應

13 馬克吐溫養了一隻貓

原來著名的熱爐法則（Hot Stove Rule）是源自於幽默小說家馬克吐溫（Mark Twain），他說：貓坐過熱爐蓋後，就不會再坐第二次，連冷爐蓋都不會坐（The cat, having sat upon a hot stove lid, will not sit upon a hot stove lid again. But he won't sit upon a cold stove lid, either.）。其後，經X Y理論之父麥格里哥（Douglas Mcgregor）的闡述，熱爐法則在人力資源之運用，更為普遍。

熱爐法則最簡單的意義為：犯錯，須立即遭受處罰。好像用手去摸熱爐會被燙到，燙到後，就再也不敢去摸，甚至連冷爐也不敢摸。深一層的意義為：團隊成員不心存僥倖去破壞行為準則。

處罰的四原則

有過錯，受處罰，這是普世的價值觀。處罰，包括糾正與懲罰，並列入獎懲或考績，其主要目的在及時改正錯誤行為，並阻嚇破窗理論的蔓延脫序行為發生。為避免處罰引起非議，團隊主管不論在設計或執行規章制度，須特別注意以下幾個原則。

1.立即性：處罰必須在錯誤發生後，極短的時間內進行，不能拖泥帶水。

2.警示性：規章制度必須明確，並事先告知團隊成員，才能執行處罰。

3.對稱性：嚴重錯誤或重覆犯錯，其處罰必較輕微或首次犯錯為重。

4.公平性：處罰無關身份，只認定事實。

處罰在許多企業之管理規章制度中，相對於獎勵，一般並不是規範得很細節，這常被認為是處罰發生反彈的主因之一。然並不是鉅細靡遺就不會或減少反彈，而是違不違規沒有一定的標準，致難以適從。就好像有些國家之法規也多如牛毛，但各界對法規的解釋紛繁複雜，所以法院的生意不用行銷，就好得不得了。

處罰反彈原因另有二，一是新進成員對現有規章制度不熟悉或有比較心理，二為新的行為準則影響到成員的既有行為或利益。前者大部份可藉職前訓練來降低，詳細說明規定與企業文化的關係；後者例如為因應銀行競爭白熱化，要求行員開口銷售，並列入績效考核。但問題來了，行員一直是活在客戶來拜託的環境中，現在變成要行員拜託客戶，致發生反彈或不希罕效應（Bohica Effect）的心理。因行員可能不具備推銷技巧，不敢開口銷售；或是行員還沒有降貴紆尊的心理認知，不願開口銷售。

不要總盯著成員的過錯

一般民營企業團隊大皆以Y理論的開明管理（enlightened management）為主軸，團隊主管的風格與規章制度比較不會出現讓成員害怕，或對成員不信任、壓迫、以及威逼利誘的規範。所以當成員有不在規範內之脫序過錯發生，就比較容易產生處罰反彈。雖然如此，若團隊主管的觀念比較接近Y理論，或是後來發展的Z理論，我們仍建議不要因有反彈而偏往X理論，畢竟處理處罰反彈是人性管理的一部份。

教育訓練是處罰反彈的人性管理工具之一，但若只是藉其導正錯誤，就太浪費教育訓練資源，而且也會陷團隊主管於「總盯著過錯」的惡名。有效的教育訓練是將錯誤當成引子，而進行更深的企業文化闡述，如此才可使成員除了學到應有的技術外，心理也更健康。換言之，成員犯錯只是團隊發展中的水滴，主管要防止的是水滴引起漣漪的氛圍。不過，話又說回來，團隊若完全沒有水滴，好像死水一灘，主管也會覺「無趣」，團隊可能也會欠缺激盪的動力。

成員犯錯應該是任一團隊成長的歷程，成員受罰得心甘情願，無損成員的成長，亦無損其與團隊的關係。但既然已心甘情願受罰受教，團隊主管就不能再以為好意，再三提醒，否則會被誤以為「總盯著過錯」，對團隊氛圍形成壓力。

聰明的貓被熱爐蓋燙到後，不敢再去摸熱爐蓋，連看到冷爐蓋都閃得遠遠的，還有馬克吐溫沒有抓著貓腳再去燙一次熱爐蓋，或去碰冷爐蓋，嚇嚇貓。畢竟，傷口既已結疤，就不要再去揭。

*Cosby Quote*考斯比格言

14 成功的慾望大於失敗的恐懼

了解團隊成員解決問題的慾望是主管必須具備的，如此才能充份運用管理的推拉力，調動成員的積極性，使成員在適合的工作性質上，發展出與其相適配的解決問題慾望。

每個人的潛意識中都存在有兩種傾向，一是追求成功的動機（motive to achieve success, MAS），二是避免失敗的動機（motive to avoid failure, MAF）。追求成功的動機是指不害怕失敗的威脅，喜歡成功的滿足感；若為了要減少痛苦，避免失敗，其動機就較偏避免失敗的傾向。或許可以如此思考：團隊成員追求成功的動機愈強，愈有創新力與戰鬥力，解決問題的能力也愈強；也可以如此說：台灣政府團隊的作為比較偏MAF，企業團隊則較偏MAS。

成就動機強弱的測量

具有追求成功動機的團隊成員，所懷成功的滿足感大於對失敗的恐懼，故敢於選擇比較困難的任務，以期獲得成功後的快樂。有如美國知名的喜劇演員考斯比（Bill Cosby）所說：為了要成功，成功的慾望一定要大於失敗的恐懼（In order to succeed, your desire for success should be greater than your fear of failure.）。反之，具有避免失敗動機傾向的成員，其對失敗的恐懼大於成功之滿足，故而只能選擇較低風險、較容易的工作，以避免事後失敗的痛苦。成就動機高的人，能接受困難的任務，任務愈困難、愈具挑戰性，愈能激起其追求成功的渴望，而能把任務做得更好。

美國心理學家麥拉賓（Albert Mehrabian）經多方實證，發展出測量成就動機強弱的IDIAT（Individual Differences in Achieving Tendency）量表。此量表目前廣泛運用於運動員成就動機的測定，其可信度與有效性亦受許多企業的稱許。

IDIAT量表共有38道題目，追求成功動機評量有19道題，評量避免失敗動機亦有19道，每道題目由非常認同到非常不認同分別賦予1-9分，後將追求成功動機19項之總分減避免失敗動機19項總分，所得分數愈高代表追求成功的慾望愈強，分數為負則表示偏向保守、避免失敗。是一值得參考的人才評量。

純粹創意公司以IDIAT量表的概念，推動「Right People in Right Place」的2RP策略已有多年。總經理孫裕利強調：對講究在有限時間內，完成行銷整合規劃及執行的純粹創意而言，IDIAT量表的概念對人才有效運用之評量非常有幫助。

純粹創意的2RP策略

純粹創意公司是一家規劃及執行整合行銷的企業，business model是創意企劃及執行加上客戶的附加價值。由於許多案件自接案到完成，時間非常有限，經常一個部門團隊會同時軋上好幾個案件。所以其高層領導人認為：競爭優勢在各部門團隊領導人及其成員之追求成功的性格，追求成功的性格強，才會樂意同時軋幾個案件；追求成功的性格愈強，創新思考、降低成本、突破困難及增加客戶附加價值的潛能也愈強。

因此，純粹創意公司運用IDIAT量表精神，將追求成功動機與避免失敗動機各簡化成5道題。追求成功動機之5道題為：

1.對被指出短處或缺失，表現出高興的神情；

2.常常與追求成功慾望強的成員一起，不論工作或休閒；

3.工作心態上，常有勝過其他成員的表現；

4.為自己建立高於團隊要求的工作標準；

5.當被賦予較困難的工作時，很少講理由。

避免失敗動機之5道題則為：

1.當工作中須做決斷時，有拖泥帶水的情形；

2.當有學習新技術的機會時，不會感覺興奮；

3.比較在意短期的小目標，而忽視長期的目標；

4.對於新事務，常會要求有人教；

5.缺乏承擔處理困難工作的責任感。

純粹創意公司每月以此評量部門團隊主管及其成員，一方面了解其之工作心態變化，適時施以推拉力，導引其往追求成功的方向；另一方面也藉此做為各案件進度與品質的預警管控，以免朝向避免失敗的方向。

考斯比一生製作並演出許多知名且非常受歡迎的情境喜劇，如台灣人耳熟能詳的「天才老爹」，在喜劇的背後，隱藏讓人驚嘆的智慧，例如：我不知道什麼是成功的秘訣，但試著去迎合每一個人是失敗的秘訣（I don't know the key to success, but the key to failure is trying to please everybody.）。

*Maslow's Law*馬斯洛法則

15 尊重是獲得尊重的重要途徑

在缺乏尊重氛圍的團隊裡，留下來的成員通常是忽視他人或被他人忽視的成員，這些人也多半有「只要有其他更好的工作機會，必然離開」的應對心理，留下來只是在等待。根據有些研究指出：影響團隊成員用心投入工作的主因在於是否受到尊重，工作壓力及其他負面情感因素反而其次。

馬斯洛（Abraham Maslow）的需求層次理論（Hierarchy of Needs）將人的需求分為五個層次。對團隊成員而言，第一至第三層的生理需求、安全需求及隸屬需求，可以說滿足了基本。接下來就是在所隸屬的團隊中是否被尊重，即第四層的尊重需求（esteem needs），成員藉由團隊的相互尊重氛圍來確認其隸屬需求確實無誤，並安心追求工

作的成就感，以便能早日晉升為主管，可以參與決策，即第五層的自我實現需求（self-actualization needs）。

沒有尊重會剝去隸屬的滿足

在團隊中，成員若不被尊重，就會危及其原本已滿足的隸屬感，隸屬感一經動搖，對團隊的認同感也會逐漸消退。在這種氛圍下，人員不穩定，談團隊合作與發展都是多餘的。在團隊的運作中，常見的不尊重有：以貶低或粗魯的言語訓責成員或他人犯錯，以輕佻的語氣質疑別人的見解，對他人學經歷長相的批評，對基層工作的鄙視等。

新進成員從加入團隊的那一刻起，便開始尋求與團隊之間的相互認同，當成員愈被視為團隊的一員，而感受到尊重時，產生的認同速度也愈快。我們常看到新進成員的熱情與拼勁，這是渴望快速滿足第三層隸屬感的訊號。但當成員認為團隊主管或其他成員沒有給予尊重或尊嚴時，其工作熱情與拼勁將受影響而銳減，在狀況未改善下，成員的倦怠情緒將逐漸浮現。而受到團隊輕視的成員，在提供服務給客戶的過程中，又不得不掩飾壓抑其內心的真實感受，這種掩飾與壓抑就會成為加劇其情感耗竭（emotional exhaustion）的觸媒，一而再，再而三的觸動，促使第三層的隸屬感與認同感消失，而造成人員流動不穩定。

對於團隊成員而言，尊重的評價不只是自己看待自己所受到的待遇，還有觀察其他成員所受到的待遇。當發現自己的同伴受到不公正待遇時，也可能會對團隊的尊重氛圍有所質疑。

相互尊重好像很抽象，但只要能站在同樣的高度思考對方，互有包容的氣度和接受的胸襟即是。這看起來好像有點深奧，其實並不然，例如有些人擁有高學經歷，但在言談時刻意避免提及學經歷，或不渲染學經歷，以免雖不直接輕視他人，卻隱藏不尊重。相互質疑他人見解，在團隊合作中時有所見，有人的見解雖十足狀況外，但若出現「連這你都不知道」的語氣，氛圍就顯輕佻。

尊重促成團隊的自我實現

一個尊重成員的團隊主管，必受成員的尊重，此無庸置疑，成員間也會受此氛圍的影響而彼此尊重。評價一個團隊是否具有尊重的氛圍，通常可由以下五個面向為之：

1.主管對成員及其工作內容，沒有粗魯、輕佻或鄙視的言行。

2.成員間彼此沒有粗魯、輕佻或鄙視的言行。

3.成員不因個人條件的差異，而受到批評或限制。

4.所提出的各種想法不被排斥。

5.鼓勵成員在解決問題上發揮創造性。

尊重是人性化管理的必然要求，只有受到尊重，成員才會真正感到被重視，被激勵；推動業務才會真正發自內心，也才誠心和其他成員打成一片，並能以主管的角度，主動與主管溝通想法、探討工作。

每個團隊都有清潔人員或臨時人員，其工作可能不太直接與經營大事有關，且他們通常是最被遺忘的一群。觀察一個團隊主管是否隨時注意塑造尊重的氛圍，由其對待這些最基層成員的態度便可看出。例如對其之言行客氣有禮，偶而給他們一些問候，或邀其參加慶功或頒獎餐敘等。主管若如是，可以理解其所帶領的團隊，彼此尊重的氛圍應很強烈。

一個團隊若是如此，馬斯洛第五層的自我實現需求才有可能生根，亦即團隊成員在工作中可以充分發揮自己的潛能，有勝任愉快的成就感，此成就感來自工作本身，而不是收入提高導致。

*Flying Geese Paradigm*雁行範例

16 互相扶持有助於綜效的發揮

美國Robert McNeish在教堂佈道，發表Lessons from the geese，以雁群在天空中飛翔的五則行為來啟發世人。許多企業界人士將其闡述在管理運用上，尤其是團隊合作，並稱之為雁陣效應。據聞飛利浦推動「小公司組織」（Cell Operation）的人力資源管理模式時，亦師法雁陣效應。其實，最早提出雁陣概念的是日本人赤松（Kaname Akamatsu）之雁行範例（Flying Geese Paradigm），用以說明日本在亞洲經濟扮演領頭雁的角色。

雁群飛翔的啟示

McNeish的五則雁群Lessons如下，觀察入微，有趣，讓野雁有如上帝加持的神鳥，不過很富教育意義。

1.當野雁擺動翅膀時，會產生浮力給跟隨在後的野雁。V字形雁群比每隻單飛，增加71%的飛行距離。

2.當野雁脫離V形時，會感到獨力飛行的遲緩與吃力，所以會很快回到V形中，利用前一隻鳥所造成的浮力飛翔。

3.當領頭雁疲倦，會退到V形中，由另一隻野雁接替飛在隊形的最前端。

4.V字飛行的野雁，會利用叫聲鼓勵前面的同伴，保持速度。

5.當有一隻雁生病或受傷時，其他兩隻會脫離V字形協助保護，直到牠康復或死亡為止。然後加入其他雁群，或追趕上原來的雁群。

從上述之五則雁群Lessons，可以分析出相對應的五則啟示，的確可做為團隊合作的指標。分別為：

1.與擁有共同方向的團隊成員同行，互相扶持能更快速達到目標。

2.假如願意接受其他成員的幫助，事情將變得更容易。

3.分攤主管的負擔，畢竟成員間需相互依賴，分享彼此的資源與技能。

4.做一個偉大的團隊啦啦隊長，激勵其他成員將有助於團隊目標早日達成。

5.當遭到難關時，更應緊密合作。

這五則啟示不外「共同目標、互相扶持、互相激勵、共渡難關」16字，道盡團隊合作的全貌。其中互相扶持包括

「接受幫助、分攤負擔、分享資源」三者，更是重點。在企業團隊中，一般常強調的是共同目標、互相激勵、分享資源三者，比較少見接受幫助、分攤負擔、共渡難關三者，這可能與後三者較有弱勢的味道有關，感覺上不是那麼「振奮人心」。其實後三者才是實事求是的思考，團隊中一定有木桶定律的短板，激勵他當然重要，但也需他要誠心接受幫助與輔導，所以明白指出「接受幫助」並不漏氣。

團隊合作的目的是一加一大於二

團隊裡各部門的工作量或責任負擔，各有各的專長，本就無法平均，而且還有80-20現象，主管與成員的情形也一樣，工作量或責任負擔不必然會對稱。既然團隊合作需要互相扶持，就不能逃避分攤負擔。其實，分攤負擔有一非常重要的效益，即是參與分攤可學到不同技能、不同的視野；成員也可學到主管的領導壓力，將心比心就容易自然在其中滋生。

一般團隊比較少強調共渡難關，因好像經營達不到目標。其實，大多數團隊目標本就是有挑戰性的，推動過程有很多問題要解決，很多逆境要突破，很多難關要決策，若是有人持事不關己的態度，就不會形成一個堅實的團隊。

團隊合作的目的是什麼？用最簡單的表達，是十個人的團隊，透過合作，至少達成十一個人的綜效。在順境時，不需兩情相悅也一定合作愉快，舉杯慶祝目標達成，但這不足以證明團隊的堅強實力。堅實的團隊通常是在逆境時才能顯現出來，評價不是看目標達成率，而是成員心甘情願，互相欣賞彼此的價值，互相排解彼此的問題，追求共同的成長。

很多人質疑Robert McNeish的雁群，認為飛得太神奇了。不過大家輕鬆一點，探討野雁怎樣飛，是鳥類學家的事；比較嚴肅的是從野雁的佈道，團隊合作是否獲得神奇的啟示。

如果我們始終在「過去」和「現在」間爭吵，
必將失去「未來」。

If we open a quarrel between past and present,
we shall find that we have lost the future.

——溫斯頓邱吉爾*Winston Churchill*——
英國前首相、諾貝爾文學獎得主

C. 團隊領導人的風格

17.我的上司為何那麼遜——*Peter Principle*彼得原理

18.不能偏聽矇眼，有時重聽裝瞎——*Segal's Law*西格爾法則

19.走動管理形成必要的壓力——*Botfly Effect*馬蠅效應

20.團隊主管當啄牛鳥也不錯——*Oxpecker Effect*啄牛鳥效應

21.去蕪存菁保持活力——*GE Vitality Curve*奇異活力曲線

22.大家一齊來舒壓——*Yerkes-Dodson Law*葉杜法則

23.讚美是高C/P值的激勵——*Suds Effect*肥皂泡效應

24.以管理風格灌溉親密度——*Hedgehog Effect*刺蝟效應

*Peter Principle*彼得原理

17 我的上司為何那麼遜

團隊成員在原有職位上，工作成績表現突出，或具備某種專長，或因有某種特別關係，可能會被提升到較高的職位；其後，如果繼續突出，可能會再被提升，一直升到不能勝任的職位才停止，這就是所謂的彼得原理（Peter Principle）。主管不勝任，不僅會打擊團隊士氣，而且會妨害團隊效率與團隊合作，形成團隊發展的障礙。

日本第三大製紙業者「大王製紙」的前社長井川意高，就像彼得悲劇的主角，因親屬關係而擔任高位。據日本媒體報導，井川意高為創辦人井川伊勢吉的孫子，向該集團旗下多家子公司非法鉅額融資，並將款項揮霍於賭場，導致該集團損失慘重。

避免彼得悲劇的癥結

因特殊的人際關係，有人拉拔而居高位之狀況，在各種團隊中非常常見，不論是親屬，抑或同鄉、同學、朋友等，其實這是人之常情，無可厚非。因為要拔擢，一定是拔擢認識而可信任的人。工作成績表現突出，或具某種專長，被拔擢，再正常不過，總不能提升表現平平或不具專長者。因此，不論是藉人際關係，或自我訓練和進步，而居主管職位，不能令其懷璧其罪。

至於居主管而表現有落差，不像個主管，應是團隊避免彼得悲劇「升遷不勝任」的課題。彼得悲劇之發生，一般來自以下四方面的基本癥結：

1.個人品行能力及進步程度。

2.管理職與非管理職之差異。

3.當主管常被視為升遷的必要途徑。

4.晉升為主管常被視為激勵措施之一。

當主管與不當主管，任管理職與任非管理職，其工作與性質完全不同。還沒當主管前，或許知道主管應做與該做的，但知道與實際去做又有天壤之別，尤其是人員管理。所以，被升任為主管者，必須自己願意並有能力自我要求，加速補強個人品行能力及進步程度，才有可能解開「升遷不勝任」的彼得原理魔咒，否則「我的上司為何那麼遜」，必如影隨形。

品行不只是品德這必要且絕對的條件，另一重點為領導統御的品格及行為。井川意高是個人品德的問題，硬將其不斷拉拔到社長，悲劇自然無可避免。這還是比較單純的。主管若不能協助團隊成員解決問題，不能承上啟下，調和更高階主管與團隊成員間的意見歧異，「我的上司遜斃了」就會常上演。

以風險均衡誘惑

通常在團隊中，表現良好升為主管，是每位團隊成員努力工作的動機與期待，沒有人願意承受「新娘結婚了，新郎不是我」的打擊。而對團隊的高階主管言，成員表現優異，不論是基於激勵或是歷練的角度，在有升任主管的機會時，絕對不可能漏掉該成員。雖然大家都心裡有數，晉升並不是最理想的激勵措施；大家也都清楚，表現良好並不一定要升任主管。但每當有升遷機會，主管與成員的心就會糾結在一起，而形成兩難trade-off的困境。這也是為何一般總是對「升遷不勝任」感覺疑惑，卻又不知原因。

管理實務中，常見避免彼得悲劇的措施，例如適度引進外來人才，或晉升為主管前，先以代理方式或透過團隊編制的調整，觀察能力和表現，或建立升遷的評定機制等。這些都可治標，但卻不是治本的萬靈丹。畢竟，人性在升遷利益的誘惑面前，是軟弱的，也沒人認為自己未來會不勝任。

避免彼得悲劇的發生，沒有特效的萬靈丹，只有長期服用的維他命，亦即建立責任與利益相稱的風險文化，時常傳達並強調職位利益與職位責任的相稱性，職位愈高，可以享受不少的利益，但相對的責任也愈重，甚至職位越高，責任和風險是不成比例的加大。藉由責任與風險的「負擔」，以降低升遷利益誘惑的軟弱人性之影響。

職場中對主管的批評，「我的上司很腦殘」，80%是閒言閒語，但若任其流傳，以訛傳訛，必然戕害團隊合作。新主管上任，流言蜚語通常很多，包括他不熟悉我的工作、他的績效沒有比某人好、他和總經理夫人比較熟等等，新主管及其主管一定要挺得住。新主管也只有發揮其能力，才能杜攸攸之口，並避免其成為彼得悲劇的主角。

*Segal's Law*西格爾法則

18 不能偏聽矇眼，有時重聽裝瞎

企管界裡流傳一個諺語：一個人有一只手錶，可以知道正確的時間，當同時擁有兩只錶時，卻無法確定（A man with a watch knows what time it is. A man with two watches is never sure.）。主要意涵是指若有太多相衝突的資訊，可能會讓決策掉入潛在性的陷阱。有人稱之為西格爾法則（Segal's Law），或手錶定理，或矛盾選擇定律。

在傳統比較不複雜的團隊管理中，西格爾法則的啟示有其作用，例如團隊主管要盡量減少成員的手錶數量，讓成員只跟著一個主管，這樣才不會使成員因為多頭管理，甚至空頭管理，而處於難為的境地。在資訊運用方面，不同角度的相衝突見解就好像多只手錶，並不能告訴團隊主管更準確的時間，反而會讓主管對掌握準確時間失去信心。

不要迷思在多少只手錶

一名成員若同時隸屬於兩個以上的團隊主管，同時直接指揮，將帶來管理方式、團隊目標等的混亂，致成員無所適從。但在現代化企業經營，這可能是一個迷思，因從經營效益、扁平化組織、人才培育的角度，一名成員同時參與企業內不同目標的團隊，接受不同團隊主管的帶領，乃稀鬆平常的事。

例如管理業務部，本已有業務經理，但董事長也來插一腳，董事長信任的會計小姐也來說三道四，董娘也不落人後。不管他們見解是否一致，被管理的業務部成員心中絕對不爽，容易造成陽奉陰違，但這不是正常的管理，實務上根本不應存在。西格爾法則的啟示係指業務經理及總經理同時指揮管理業務部，或業務部同時要report並接受業務經理及企劃經理的指揮。基本上，這兩種案例在團隊經營中均甚常見，也無對錯，但一定要確認發號施令只有一人，以明責任主體，避免多頭管理變成空頭管理。

在現代化企業經營，一名成員同時參與企業內不同目標的團隊，接受不同團隊主管的帶領，雖對同一件事沒有多人發號施令，但一名成員受多名主管指揮，必然產生評價心理，例如跟誰可學得比較多、某某比較龜毛等「人比人氣死人」的現象。團隊成員若不避免此現象，通常「人比人自己去死」會伴隨「人比人氣死人」；當然，在團隊經營的過程，主管也應經常提醒或告誡成員，此種評價心理是不必要、無禮教，損人不利己的。

資訊無罪愈多愈好

西格爾法則的另一個迷思也很費思量，就是不要有太多相衝突的資訊，以免決策掉入潛在性的陷阱。然資訊本無罪，而且愈多愈好，愈異質愈有助於周全的思考，資訊不會讓人掉入陷阱，掉入陷阱的是未妥適運用資訊的人。

團隊主管決策的資訊來源主要有二，一是來自內部成員，二是外部資訊的蒐集。在團隊溝通中，團隊不是一言堂，成員有不同、甚至是相衝突或不相容的見解，根本不值大驚小怪，那不是洪水猛獸；團隊主管不能也不該阻撓不同見解的表達，而且還須傾聽。如此，才能有溝通的效果。或有謂：見解雜沓，更增決策難度。其實不然，見解愈異質，或許愈有助於周全的決策思考，但重點則在於主管要有判讀及決斷的能力。

參酌外部資訊亦然，尤其是三網融合的現代，外部資訊的複雜度遠甚於內部成員的見解，而且有時真假難辨。團隊主管當然不是駝鳥，把頭埋在土裡，必須以其判讀能力去決斷哪些資訊可用，哪些無用。

團隊主管有幾只手錶？一流主管會覺得愈多愈好，不入流的主管可能較希望少買幾只，還可降低成本。但資訊不等於決策，蒐集資訊、制定決策都是團隊主管的責任，無法逃避；也不能削足適履，藉減少蒐集資訊，單純化決策思考。

耳朵有兩個，眼睛也有一雙。兩個耳朵用來兼聽，不能偏聽，但有時可重聽；一雙眼睛用來兼視，不能矇眼，但有時可裝瞎。何時可重聽，何時可裝瞎，也在主管的判斷能力。

*Botfly Effect*馬蠅效應

走動管理形成必要的壓力

聽說林肯總統少年時，和他的兄弟在肯塔基老家的農場犁地，林肯趕馬，他兄弟扶犁，而那匹馬有時慢條斯理，有時走得飛快。林肯感到奇怪之餘，發現一隻很大的馬蠅叮在馬身上，於是就把馬蠅打落。看到馬蠅被打落，他兄弟就抱怨說：你為什麼要打掉牠，正是那傢伙使馬跑起來的。

沒有馬蠅叮咬，馬慢慢騰騰，走走停停；有馬蠅叮咬，馬不敢怠慢，跑得飛快。這就是馬蠅效應（Botfly Effect）的由來。馬蠅效應給團隊合作的啟示是：團隊中的人與事只有被叮咬著，才不會鬆懈，才會不斷進步。

不痛就不會有推力

馬蠅主要靠吸食哺乳動物的血液維生，通常寄生在牛、馬動物身上。馬蠅的口器像迷你剪刀，劃開牛馬的皮膚，並將蠅卵植入牛馬體內孳長。馬蠅叮咬會造成嚴重疼痛，所以馬不得不動一動。叮得愈大口，馬的反應就愈激烈。

在每一團隊中，總有成員天生就慢條斯理，有的患了不希罕（Bohica）症狀，有的比較皮，有的喜歡衝，有的在後跟得大汗淋漓。不同的個性，影響工作的品質與時效，使有些進度超前，有的落後。團隊主管就是要發揮馬蠅的精神，做一隻盡責的馬蠅，到處飛，盯住那些跟不上進度、品質不符需要的成員，盯住後叮咬一下，提醒警示他注意一下。

在行銷上有所謂的推式策略（Push Strategy）與拉式策略（Pull Strategy），推式策略是一種由上而下的推動方式，即品牌經營者利用各種措施，推動人員、經銷商、零售店等，使其高高興興的將產品層層往下推銷，最終至消費者，常見的推式措施有人員訓練、銷售輔導、銷售監控、價格利潤、獎懲制度等。

團隊主管以行銷推式策略的概念進行管理，產生上對下的推動力，實務上稱為垂直推力，就像團隊主管扮演好盡責的馬蠅，走動跟催、指導更正。也好像胡蘿蔔與棒子（the carrot and the stick）故事中的棒子，棒子是懲罰的比喻，也就是藉由垂直推力形成工作壓力。棒子打下去會痛，但在打下去之前，若沒有預警就懲罰，很可能遭致反彈，是比較值得注意的問題。

走動管理強化推力

叮他一下，把你的看法告訴他，就好像馬蠅，叮下去，把蠅卵植入。成員有做不好或所做不符需要，主管一定要先告訴他不好在哪裡，或不符什麼需要，正確的又是什麼。這就是預警，要懲罰需在預警之後。至於叮一下的預警口吻，雖然要講究，不能太粗魯或太和稀泥，有點痛又不會太痛，不痛就不會有推力。

在叮下去之前，團隊主管到處飛，指的是主管藉此掌握團隊工作的動態，對各項鉅細有通盤了解。才會叮得適中、叮對對象、叮對重點。到處飛，也是走動管理（Management by Walking Around, MBWA）的意思，團隊主管經常前往成員的工作場所走動，可更直接了解其工作狀況，並及時解決成員工作的困境。走動，不能好像「抓耙子」，讓成員有背脊涼涼的恐懼；也不能帶大批人馬，走來點點頭微微笑，就閃人。走動管理其實也可歸為動態管理（Dynamic Management）的一種方式，在對工作的掌控方面，根據工作品質與時效的變化，隨時檢查、改進、修正，使管理保持一定的彈性。

走動也不是走馬看花，更不是軍隊式的「一人錯，全員受罰」。團隊主管根據現況，準備要盯誰咬誰、盯什麼咬什麼，必須有重點，也必須有合理的理由。製造必要的危機感與壓力，是美國銀行（Bank of America）前董事長Louis B. Lundborg的名言，團隊主管常常到處走動，雖然沒有叮咬，其實也無形中提高成員的危機感與警覺心，發揮了推力。

*Oxpecker Effect*啄牛鳥效應

20 團隊主管當啄牛鳥也不錯

馬蠅為了將卵植入馬的身體，而叮咬，啄牛鳥（Oxpecker）則不一樣，其是自牛身上啄出寄生蟲，有時也啄得皮開肉綻，但牛並不因痛而像馬一樣跑得飛快，反而很享受，因為牛知道啄牛鳥在清理寄生蟲，可以解除受蟲咬的痛苦；牛也知道，當有危險，啄牛鳥會發出尖銳的警告聲。啄牛鳥和牛的關係大異於馬蠅和馬。

馬蠅的叮咬像團隊主管為貫徹其管理，而採取讓成員感到被要求、受指責的方式，具有推力；啄牛鳥的啄蟲類似團隊主管隨處、隨時關心成員，解決成員的問題，提醒注意危險，就是拉力。

有效的拉力在有同理心

行銷上的拉式策略是一種由下把消費者往上拉，拉到零售店來買的概念，常用的方法有廣告、促銷等。行銷的推拉，一邊高興將產品賣給消費者，一邊消費者高興來買，形成行銷的良性循環。廣告、促銷等拉式策略是為提升消費者的向心力，啄牛鳥的拉力也是為提升團隊成員的向心力。

提升團隊成員向心力的方法很多，有人認為：薪水給高一點，有賺錢大家分，最實際；也有人說：增加教育訓練課程，個人考核加入團體績效，改變主管的管理風格，主管帶頭玩Facebook，主管多一點笑容、多幾句讚美，刮別人鬍子前先照照鏡子，請辣妹來當櫃檯小姐，免費招待旅遊聚餐，開放成員打電腦遊戲等等，族繁不及備載。

的確，這些都是對提升向心力有幫助的方法，而提升成員的「心」方法固然重要，但「有心」更重要；也就是須有同理心，團隊主管考慮到成員的狀況，成員顧慮到主管的立場。例如調高薪水，在團隊經營裡，對主管及成員絕對是大美事一樁，但是調多少可讓80%的成員滿意，調高後對未來的經營目標達成有80%的把握度，利益與責任掛勾，可能就見仁見智。調解仁智互見，就需要主管及成員換位，思考彼此的理由。

當彼此認同對方的理由，同理心的價值被體現，團隊上對下的拉力才會浮現。否則，誤解或不良互動仍然存在，上對下的拉力一定會產生裂痕。認同對方的理由並不表示同意、接受對方，也不表示放棄自己的想法。不過，當認同與同意的差距愈小，拉力就愈大。就如牛認同啄牛鳥清理寄生蟲，可解除蟲害的既有痛苦；卻未必同意啄入皮下組織的新增痛苦，但又不得不接受。在認同等於接受時，難怪牛對啄牛鳥相見歡。

胡蘿蔔與棒子

拉力就好像胡蘿蔔與棒子故事中的胡蘿蔔，不管爭執了幾十年的Carrot on a stick或the carrot or the stick，誰是誰非，胡蘿蔔與棒子是同時存在的，就好像美國老羅斯福總統所說的「手持大棒口如蜜，才能走得更遠」（Speak softly and carry a big stick, and you will go far.）。

也就是說：有推力存在，就有拉力配合，兩者不可分，也切割不了，好像所謂的「恩威並用」一樣，在有推有拉間，團隊管理才渾然天成。例如有些團隊被批評獎勵制度太差，就急急忙忙專注於檢討獎勵制度；但只檢討獎勵制度，而忽略該獎勵制度之變化與整體推拉管理的連動，並不是妥適的。

同樣的，只指責成員老是懶懶散散，而無視整體推拉力道的均衡配置，也是不妥適的。團隊主管不是只當馬蠅或只當啄牛鳥，而是同時兼具兩個角色。一流的主管不會有功給胡蘿蔔，處罰賞吃棒子，而會在賞吃棒子時也餵一口胡蘿蔔，在賞吃胡蘿蔔時也在一旁立起棒子，威武一下，其之用心就是拉中有推，推中有拉，才是團隊管理的真功夫。

團隊主管在可用資源固定下，須視當時狀況，動態調整整體推力與拉力的配置。可以推多拉少，也可以推少拉多，但絕無只推不拉或只拉不推。

*GE Vitality Curve*奇異活力曲線

21 去蕪存菁保持活力

奇異（GE）公司的活力曲線（vitality curve），基本上是80-20法則的運用，以加薪、股票選擇權或晉升等為拉力誘因的績效評核制度。透過嚴肅的評比，鑑別出哪些人員是事業單位內表現最優秀的前20%（Top 20），哪些是不可或缺的中間70%（The Vital 70），以及哪些是墊底的10%（Bottom 10）。

人員評比藉由奇異所謂的「人力資源循環」，各事業單位上半年先展開人事檢討，年中追蹤人事檢討的後續進度，年底再舉辦第二次人事檢討，確認貫徹執行上半年之決定。人事檢討主要在探討人員的生涯、晉升機會、活力曲線及個人長短處。在人事資料中有一九宮格，根據人員的潛力與績效，在其中一個格子裡打勾，並附上人員的優缺點摘要，除了正面評語之外，至少必須列出一項有待加強的短處。在人事檢討上，通常主要討論那些需要提升的領域，以及探討是否仍有成長的機會。

淘汰也是一種推拉力

活力曲線就好像胡蘿蔔與棒子，不論對Top 20或 Bottom 10，都是一種激勵，不是Bottom 10被淘汰就是處罰，Top 20是獎勵。正確的說法是Bottom 10會被淘汰，團隊主管不管使用馬蠅叮咬的推力或啄牛鳥啄蟲的拉力，都要讓成員避免落入Bottom 10；Top 20的主管也一樣，只是使用推拉力的方式與力道不同而已。

奇異針對經營競爭力核心關鍵的The Vital 70，安排有「導師專案」，讓每一個人都有一位來自管理高層的導師。導師的職責是負責讓徒弟晉升至Top 20 級。而這項培育人才的任務，也被列入管理高層的績效評估；亦即管理高層除了自身是Top 20外，同時也必須身兼一流的導師。這種措施，類似許多企業團隊的師徒制，績效良好的高階人員負責帶領訓練低階人員，不論低階人員是不是The Vital 70。

奇異的制度可以幫助評核出「優異」、「不可或缺」與「必須淘汰」等三種成員。對優異的Top 20給以獎勵，使其繼續發揮所長。至於The Vital 70是營運不可或缺，團隊應以各種教育訓練鼓勵他們朝Top 20的標準邁進，讓團隊能夠隨其之成長而更上一層樓。

無法幫助成長是無情的假仁慈

被淘汰的Bottom 10，不一定是工作能力或績效不佳，較有可能被淘汰的成員是與奇異的企業文化、經營理念、整體團隊目標不符，而無法勝任整體團隊賦予之現在或將來任務者。有人認為可以汰弱留強，去除阻礙團隊發展的人為因素。但也有人覺得新人換舊人，或許可以提升成員的平均素質，但不見得能達到汰弱留強的目的。不符合企業文化、經營理念、整體經營目標之成員或小團隊，其實很明顯，並不需要如此大費周章，只是將欲關閉小團隊或欲解聘成員的決策責任，由其直接主管轉移至集體的人事檢討而已。這或許是人稱「中子彈傑克」Jack Welch的一種管理風格，在強硬的中子彈之下，隱藏細膩的發射技術。

「把人留在一個無法幫助他成長的地方，才是真正無情的假仁慈。」，或許是奇異為其淘汰人員所找的理由。然在誰都無法留住誰的自由勞力市場，或許「一個無法幫助成員成長的領導人，才是無情」，應比較貼切。

當然「一個無法幫助自己成長的人，是對自己的無情」，也一樣貼切。奇異在長期實施活力曲線評核後，發現Top 20多半具備高度幹勁（energy）、激勵（energize）他人士氣的能力、制定艱難決策的膽識（edge），以及貫徹執行（execute）達成承諾的能力等4Es，而4Es的共通點則是passion（熱情）。亦即Top 20成員不但能自我敦促，還能感染周遭成員，激勵他人士氣，讓團隊再上一層樓。這4Es可供要幫助自己成長的人參考。

*Yerkes-Dodson Law*葉杜法則

22 大家一齊來舒壓

如果一個團隊或其成員是處於完全沒有壓力的環境，那又會怎樣呢？可能容易懶散，沒有危機感，失去鬥志及動力，甚至變得頹廢。

心理學家葉克斯（R. M. Yerkes）與杜德遜（J. D. Dodson）以實驗研究心理壓力、工作難度與工作績效三者間的關係，歸納出Yerkes-Dodson法則，即壓力與績效存在倒U型關係。其研究發現：難度中等的工作，中等的壓力會讓工作績效發揮至最佳狀態，壓力過高或過低，績效便會變差。當工作比較簡單時，較高的壓力將產生較佳的績效；相反的，在複雜困難的工作下，則是較低的壓力會產生較高的績效。

領導人不可亂施壓力

以不同的工作為例，倘若只要打打字、填填表格，工作很簡單，此時壓力稍微大些，反而可能可以做快一點；相反的，例如開發新市場，不可測之變數極多，要是再施下過重的壓力，可能會緊張到挫屎。

對團隊主管而言，施以適當的壓力，有利於團隊管理，此毋庸置疑，但其必須徹底了解並掌握以下四項現實：

1.工作難易度與完成時間及工作能力是相對的。

2.施壓者與受壓者對壓力的感覺很難相同。

3.壓力大小與承受力是相對的。

4.團隊成員除了公事的壓力，也受私事壓力的影響。

看似簡單的工作，對不熟悉該工作的成員可能是不簡單的；雖然很簡單，但要在不充裕的時間內完成，可能就不簡單了。基本上，工作難易度的相對性還可以比較理性的分析；但壓力是一種感覺，只能感性的去感受，施壓者與受壓者感覺很難沒有落差。有的成員抗壓性比較強，大壓力對其可能是a piece of cake，對比較神經質的，一點點壓力可能讓其整夜睡不安穩。

團隊中成員有來自非公事的壓力，是很正常的，例如小孩生病了、明天的房貸沒著落、公司的無薪假要拿到諾貝爾獎等等。家家有本難唸的經，團隊主管雖然不必助唸，但絕對要了解並掌握。因站在成員的立場，壓力包括來自公事和私事兩者，不但不可分，有時私事壓力的影響會大於公事壓力。

常有人會說：不把工作帶回家。這種人屬聖人級，可徹底分開公私事壓力與情緒。團隊主管也千萬不能隨意訓誡成員：不要把私人情緒帶到辦公室。這種冷血的言語只能增添壓力，破壞團隊合作與和順而已，對幫成員舒壓，或端正團隊精神，毫無半點功能。

大家都要學習自我舒壓

團隊主管與成員，人人期盼更上一層樓，這是團隊的福氣。但有此期盼，就會產生壓力。有人建議說：當面對壓力時，用平靜的心接受壓力，然後放鬆自己，再將壓力轉為動力。不過，此建議可能比較適用於良性壓力（Eustress）的排除。

加拿大心理學家漢斯薛利（Hans Selye）將壓力分成可駕馭的良性壓力與不能駕馭的惡性壓力（Distress）。前者如合理的業績目標，對業務人員雖有壓力，但確是良性、具建設性，可努力一拼的，讓業務人員有機會去挑戰與超越。但若業績目標顯不合理，業務人員縱然加倍努力也達不到，不但無法從中學習到更多經驗，可能還會受到傷害，就屬於惡性壓力。

惡性壓力偏重於舒緩，較難排除。解鈴還需繫鈴人，受壓者也只能在「你叫阮要按怎」下，無奈的參考一些建議，如唱歌、吃零食、散步，whatever，可以暫時平緩情緒的都OK。雖然有些無奈，但最重要是絕不可鑽牛角尖，嘗試找人傾訴，或許朋友能客觀指出壓力的來源及問題的解決方法。

團隊主管要記得：壓力不夠就像樹葉，壓力過大就像鉛球，適當的壓力就如石子。鉛球太重，葉子太輕，無法擲得遠，只有石子才可以拋得遠。醫學也證實：心理壓力會增加呼吸道感染率。不容小覷。

*Suds Effect*肥皂泡效應

23 讚美是高C/P值的激勵

幾乎每個團隊的主管都認為：讚美是激勵成員最根本的做法，不懂讚美就等於不懂激勵；讚美不但是上對下最有效的激勵，也是最有益於溝通的元素。

團隊成員需要讚美，上至團隊最高主管，下至基層臨時工，每個人都需要。有人說：讚美的題材只要認真尋找，就會發現俯拾皆是。這種說法並不全然正確。如果不把讚美當一回事，當想讚美別人時，可能擠不出半個字，或是讓人覺得不甘不願。就好像很多人的生活體驗，要攔一輛計程車去赴一個緊急約會，常會發現街上忽然沒有計程車，或來的都不是空車。

讚美別人的最大受益者是自己

如果打從心裡把讚美當一回事，就會發現讚美用辭隨手拈來，一點不矯揉造作，誠意溢於言表。有人常汲汲營營於研究讚美用辭，雖然是好事，但更重要的認知是：讚美不是方法，而是創造自己喜樂的心境。

讚美，毫無疑問的不應只是語言，而是以「真愛」為出發點，去欣賞他人的優點，進而讚美他；或是用「真誠」的心態，誠心誠意地去發掘他人的特色，進而讚美他。讚美別人，其實並不盡然只是別人得到喜樂而已，而是自己先得到「真愛」、「真誠」的喜樂心境。自己有喜樂真心，別人才感受得到你由讚美語辭中釋放出的喜樂。

所以，讚美別人的最大受益者是自己，多餘的才由被讚美者享用。讚美別人用真心散發喜樂，在眾多激勵措施中，最沒物質成本，成效也最大，稱之為最具C/P值的激勵並不為過。在很多宗教中，教友都是義務性，但我們卻看得到教友間普遍性的互相讚美，因而成就其宗教團隊。在傳銷產業亦然，傳銷商並無薪水，雖有各式獎金制度，但那麼龐大的組織體系能維繫，依賴的重點也是上下線及公司間的互相讚美，相互鼓勵。

如果一個團隊中，具有喜樂真心的成員比較多或比較外顯，就容易感染，並帶動整個團隊 give me five的氣氛。當喜樂的氛圍瀰漫，宗教或傳銷式的熱情就會散開，團隊成員的士氣往往會爆出無限美麗的火花。

不吝惜讚賞之詞，團隊主管注重用具體的行為來表達對成員的肯定，對成員才華的賞識。以真誠的讚美深得人心，大大提升成員的工作熱情和積極性。團隊的成功來自成員的支持與配合，因此對於成員的努力，主管不能視而不見。有人認為：如果給予太多的肯定或讚許，成員可能會逐漸對讚美感到麻木，而影響激勵的效果。其實這並不需太擔心。

讚美比批評更有效

雖然讚美語辭不是讚美的最重點，但讚美會讓人感到麻木，通常來自老是good job；坦白講，good job講久了，講的人自己也會皮笑肉不笑，更何況被讚美者。主管關心成員，本來就不只限縮在工作上，成員的互相關心亦然。擔心讚美的邊際效用遞減，不如多關心一些非公事的事情，不如多一些非公事的讚美。

有時講者無心，聽者有意，以致於一些不是責怪式的批評被誤會。據聞美國前總統柯立芝（John Calvin Coolidge）有解決這種誤會的專長，他會將批評夾在讚美中，以減少批評的負面效應。他說：理髮師給人刮鬍子，先要塗肥皂泡，刮起來才不覺痛。這就是所謂的肥皂泡效應（Suds Effect），也有人將其稱為三明治式溝通，在兩片讚美中夾著一片批評（Sandwich every bit of criticism between two layers of praise.），降低對於批評的反感。

激勵的精神在於「小事件大表揚」，如果團隊成員將小事做得很好，主管也要不吝惜讚美。世界上唯一被稱做大帝的女皇帝，俄國凱薩琳二世（Catherine II）有句名言：我會大聲讚美與獎勵，小聲責罰（I like to praise and reward loudly, to blame quietly.）

一旦被讚美什麼地方做得很好，這個地方通常會被做得更好。試試，讚美是高C/P值的激勵。

*Hedgehog Effect*刺蝟效應

24 以管理風格灌溉親密度

相傳刺蝟在寒冷冬天，會緊緊地靠在一起取暖，但靠在一起，又忍受不了彼此身上的刺而要分開一些。靠的太近，會被刺痛；離的太遠，又凍得難受。就這樣反覆分了又聚，聚了又分，不斷地在受凍與受刺之間調整。最後，找到一個適中的距離，既可以相互取暖，又不至於被彼此刺傷。

團隊中，主管與成員的關係也同樣微妙，明明主管要親近成員，但卻又有所謂的刺蝟效應（Hedgehog Effect），主張主管與成員的關係，要保持不遠不近的距離。似乎要像：東山飄雨西山晴，道是無情卻有情。

有點黏又不會太黏

團隊主管與成員保持不遠不近「親密有間」的關係，有人說：可以避免成員的防備和緊張，可以減少成員對主管的恭維奉承，可以防止與成員結黨營私、吃喝不分，這樣既可以獲得成員的尊重，又能保證在工作中不喪失原則。聽起來，好像言之成理。

十幾年前中興米有一支「有點黏又不會太黏」的廣告，以這廣告訴求來比喻「親密有間」的關係，實在很貼切；然十幾年來，怎麼才能「有點黏又不會太黏」也一直沒有很好的答案。米都如此，何況是人，人與人的親疏距離，又要用哪一支尺來量。當主管與成員「親密有間」時，會不會也造成團隊「合作有間」？

就團隊規模發展而言，在不同階段，主管與成員會有不同的親疏距離。在組織結構簡單，人力不多時，主管與成員胼手胝足，相互間沒有距離，這是自然又普遍的現象。但當團隊有了規模，成員人數增多，組織及運作也將趨於規範化，管理亦趨複雜，主管與成員間，產生距離也是很自然的，而且團隊規模愈大，距離愈明顯。

亦即親密度高低與團隊規模成反向關係，在團隊愈經營規模愈大下，主管與成員的關係要灌溉的是增加親密度，不是學刺蝟保持距離，也不必存在

「有點黏又不會太黏」的顧慮。至於前述恭維奉承、結黨營私等負面情況，那是管理面應注意的，不是太親密就一定會產生的。

只溶你口不溶你手

人總是感性的動物，團隊主管是，成員也是；要主管對成員「有點黏又不會太黏」，那成員對主管也會「有點黏又不會太黏」。也有人認為公私分明可以解決黏不黏的問題，好像公私分離，一個擺譜，一個親切，就OK。其實公私也很難切割，所以不如吃個「只溶你口不溶你手」的M&M巧克力，團隊主管有所為有所不為，樹立出明確的管理風格，才能比較有利團隊合作與管理。

鬍鬚張大家長張永昌，就像殷切望子成龍、望女成鳳，不自覺愛嘮叨的父親，因為注重工作細節，經常叮嚀再三，員工私底下給他一個綽號叫「擱來啊」，意思是又來嘮叨了。他待員工親如家人，連工讀生亦不例外。員工家人過世，張董事長夫婦親手摺蓮花；員工太胖，他和員工一齊許下對健康的承諾；員工嫁人，他變更重要行程，只因為鬍鬚張嫁「女兒」。這是張董事長的管理風格，沒有公私之分，只有該為不該為。他很黏員工，員工也很黏他；他嘮叨員工，不恭維奉承，員工自然沒有恭維奉承的習性。

團隊成員會去巴結主管，一定來自主管喜歡被巴結。主管有所為有所不為，而不是像刺蝟一樣，又要與成員保持距離，又要成員給他溫暖。套句年輕人的用語「誰理你啊」！

美商美樂家公司總經理劉樹崇午餐外食，若遇到員工，不論多少人，他一不許員工幫他付帳，二也不各付各的，也就是全由他請客。他說：員工幫我付帳，誰幫我拼業績；也不要以為各付各的，就很公正清高；更不要以為由他請客，在公事上也會你兄我弟。

與他人及自己溝通的方式，
最後都會決定我們的生活品質。

The way we communicate with others and with ourselves ultimately determines the quality of our lives.

——安東尼羅賓*Anthony Robbins*——
美國激勵專家

D. 有力的團隊合作溝通

25.日本職場溝通的基本教養——*Spinach Principle*菠菜原則

26.寡頭後遺症的消除——*Iron Law of Oligarchy*寡頭鐵律

27.宏偉的建築是團隊生命的結束——*Parkinson's Curse*帕金森魔咒

28.建立平等的管道消除溝通誤差——*Communication Gap Effect*溝通位差效應

29.經營愈透明，溝通效率愈高——*Goldfish Bowl Effect*金魚缸效應

30.溝通不是上台演戲——*7/38/55 Rule*麥拉賓定律

31.閉嘴有時比開口更有力——*Epictetus Discourses*愛比克泰德語錄

32.有福氣的人關心別人——*Churchill Quote*邱吉爾格言

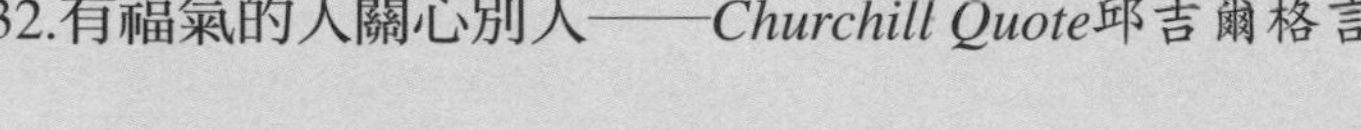

*Spinach Principle*菠菜原則

25 日本職場溝通的基本教養

多年前，在一台日商業交流的場合，請教一位日系百貨公司的總經理：在台灣經營企業，和日本最大的不同？他很直截了當的回答：ほうれんそう（菠菜，發音為Holenso）。

ほうれんそう是ほうこく（報告，發音為Hokoku）、れんらく（連絡，發音為Lenlaku）和そうだん（諮詢，發音為Sotan）三個字第一音節的組合。在日本職場，問任何一個從業人員Holenso，就是報告、連絡及相談，絕沒有人會白目到回答菠菜。Holenso在日本，不是什麼法則，而是職場工作的基本教養。

是基本教養也是天條

報告、連絡及諮詢，看起來很簡單也很理所當然，但為何日商為之感嘆呢？與其說小時候的教養不像日本那麼精緻，不如說進入職場後，台灣年輕人似乎選擇性的遺忘了一些從小就有的教養。

以從事銷售的團隊為例，業務人員對客戶的需求，一定主動、準時向客戶回報，或許不主動、不準時回報，後果不堪設想。當客戶需求超出範圍，業務人員也會主動去連絡相關部門；當已不是自己能力所能及，亦會找主管或他人請教，就怕丟了客戶。對客戶的需求，Holenso較少被忽略；但在對內工作上，報告、連絡及諮詢卻常走樣。

團隊成員間的良好溝通是建立團隊合作的最根本，容或良好溝通有很多要領、很多大事理，但Holenso無疑是不可或缺的條件，沒有Holenso的習慣，溝通是不可能做好的。

5W2H被認為是明確溝通的內容，但縱When、Where、Who、What、Why、How、How much講得清清楚楚，工作交代出去，卻石沈大海，這是許多團隊主管最頭痛的溝通問題。通常要等到主管想起，「主動」去詢問，才知狀況。這問題一般有三種常見狀況：

1.成員已完成主管交代，但未即時向上回報。

2.成員已完成自己的部份，牽涉到他部門，尚未主動連絡，也無向上回報狀況。

3.成員尚在思考如何做，沒有找人請教，也無向上回報狀況。

未即時回報菠菜必爛

未主動回報是主管最常有的抱怨，通常主管想起要問結果，都是要用到該交辦工作的時候。但若主管跟催的結果是上述第2及第3種狀況，工作的進度可能就延宕了。有些團隊成員對未即時向上回報也有話說，例如為何要懷疑我的能力，交代給我，我一定辦成。若牽涉到他部門，有些團隊成員的理由會是：不好直接連絡，不知道要找誰；也有手上缺少資料，目前還在想辦法等等。

其實不論交辦工作完成與否，有無困難，皆應在完成或碰到困難的第一時間主動回報，而不是等交辦的時間到才報告。提早完成，提早報告，或許有益於主管提前推動接續工作，這是良好溝通的最根本，不是相不相信能力的問題。尤其是遇到困難，更應提早向主管報告，或許主管還能協助，使其於時限前完成；也或許困難無法解決，主管可以儘早修正計畫。

好的解決問題方式是當接獲交辦工作時，若有應與他人或他部門協調的事宜，就主動聯繫處理（連絡）；遇有自己不清楚或不會做的，主動找人請教（相談）。如此反覆，若尚有困難，趕緊報告，請求協助。若已無問題，且可在時限內完成，完成時即報告，不必等到時限屆滿。雖已無問題，但可能在時限內無法完成，亦應報告可能完成的時間。

最近網路普及，「報告」也跟著出現升級版，讓很多主管好笑又好氣。最新的報告升級版內容是「參考www」，但卻無www的摘錄，也就是把主管要的答案打回原始資料。

團隊溝通講究的是成員間彼此的互動，團隊成員彼此互動差，縱然成員個個英才，到頭來團隊績效也是要載上氧氣罩。所以說：菠菜溝通，大吉大利。大吉大利很重要的一點，團隊只有團隊的個性，沒有個別成員的個性，如果團隊成員個個隨興，那這團隊不是煙花齊放，而會是火花亂爆。在團隊互動溝通中，成員很重要，但團隊主管更重要，主管也要永遠記得：部屬不是依照命令或所謂的SOP行事，而是主管怎麼做，部屬就怎麼做。

*Iron Law of Oligarchy*寡頭鐵律

26 寡頭後遺症的消除

組織不論多民主，最後決定都只在少數幾個人的手中。這是米契爾斯（Robert Michels）著名的寡頭鐵律（Iron Law of Oligarchy），被稱為組織病態之一。

寡頭鐵律認為：組織在開始時如何民主和大眾化，當組織發展愈龐大，決策權力就會愈向高層之少數人集中，多數的主要決策也是由少數人所制定，到後來一定會被少數人所操縱，而失去其當初原有的民主性質和精神。雖寡頭鐵律並非來自企業團隊之研究，但對企業團隊而言，不論公民營、規模大小，為避免寡頭鐵律所衍生的缺點，亦具有很大的參考價值。

企業團隊之經營，本就是由少數人決策，權力也一定集中於少數人，團隊最高主管的權力也最大，不論如何授

權，也不論股份是否集中。所以寡不寡頭，並不是問題的癥結，而是少數人之決策是否符合團隊經營的需要與期待。

多傾聽化除寡頭傲慢

寡頭鐵律擔憂的缺點之一是權力核心離群眾愈遠，與股東、團隊成員、消費者的期待愈脫節，致在團隊經營過程和此些重要的溝通對象產生距離。以有些公司的股東會為例，小股東們台下排排坐，主席台上坐著一整排西裝革履的大股東，大股東的總股份不一定超過小股東，但卻有時會看到一些主持會議的團隊最高主管指揮保全人員，把發表激烈意見的小股東架出場，甚至說他們來鬧場。容或小股東的意見對團隊經營績效不見得有益，但把人架出場的動作，就是寡頭鐵律所擔憂，少數有決策權力者的傲慢。

相對於與股東的溝通，團隊與成員、消費者的溝通就成熟了許多，也較受重視；或許團隊成員是天天在一起的工作伙伴，消費者則是財神爺之故。尤其是新興的call center，直接傾聽消費者的聲音，已成為企業經營不可或缺的要務，也是團隊對外提升服務，對內改進品質的重要策略。

美國Cabela's運動用品連鎖店是BusinessWeek客戶服務精英排行榜（Customer Service Elite）的常客。該連鎖店在與團隊成員溝通產品品質之具體做法是：任何產品皆可免費借出二個月，只要寫一份產品使用經驗報告，在網站上與其他同事溝通分享。此做法不但讓成員實際去發現優點，堅實銷售的信心，並可藉由缺點之發現，從事產品改良。在與消費者溝通方面，Cabela's的副董事長每天早上都會讀客戶意見，圈出要回報的問題，親手交相關部門處理；而且推動call review，規定資深主管每月集會聽取客訴報告。主要目的是讓團隊各級主管保持對消費者的清醒。

多接觸才能避免成為邪門寡頭

寡頭鐵律第二個擔憂是少數人組成的領導階層思想行為漸趨絕緣化，一方面可能是團隊主管們忙碌無暇，二方面可能是被權力所隔絕，致逐漸喪失傾聽外界社會變遷聲音的意願。但現今的社會發展愈來愈多元化，科技發展也愈來愈推波助瀾，影響團隊經營的因素，可能有很多是團隊主管所不熟悉或不喜歡的，甚至被認為不入流的。然而這些現象畢竟存在於社會中，而且紮紮實實的存在。所以，縱然不喜歡一些社會新興的次文化，但不能忽視其存在，更不能拒絕接觸。例如可能不喜歡kuso的概念，但kuso既已成社會文化的一環，可能團隊成員也有不少人喜歡kuso的味道，團隊主管若不去接觸認知，不但會造成與成員溝通的隔閡，甚至可能會漸閉塞於自己的象牙塔內。

不能活在象牙塔內，確實是消除寡頭鐵律後遺症的醒世見解。有人一提到台灣的檢察官就一肚子火，因為他們是寡頭中的寡頭。他們經由看似很公平的考試進入檢察體系，只要不合他們「入世的常識」，就可以把人起訴；在台灣，被起訴雖可能由法院還公道，但據說檢察官只要看到「無罪」兩字，就大筆一揮「上訴」，反正上訴也不花他的錢，而一審、二審、三審都無罪，檢察官照樣升官，終身俸照領，但來回奔波的當事人可能名譽蕩然，無依無靠。造成這種寡頭鐵律的邪門後遺症主要來自檢察官活在自己的「常識」象牙塔，而整個檢察體系又是由這群人把持。團隊主管，以為如何？社會愈來愈多元，也愈變愈快，能不「出世」去了解社會事嗎？企業正是社會的一環。

*Parkinson's Curse*帕金森魔咒

27 宏偉的建築是團隊生命的結束

除了知名的「冗員逐增原理」被稱為帕金森定律（Parkinson's Law）外，愛開玩笑的帕金森還有一個警世魔咒，叫「宏偉的建築是事業生命的結束」，一般人不喜歡談它，因為怕觸霉頭，所以好像比較不出名。

帕金森舉了很多例子來說明「宏偉的建築是事業生命的結束」，例如梵蒂岡的聖彼得大教堂、國際聯盟的萬國宮（現在的聯合國歐洲總部）、凡爾賽宮、白金漢宮等等。其所觀察的事實是，建造此些偉大建築物的朝代領導人，不是在完工前敗亡，就是完工時朝代已經式微。

魔咒也在台灣顯靈

翻開台灣地方政府辦公大樓的建築史，帕金森魔咒好像不是恐嚇，諸多事例可為證。黃大洲1994年搬入現在的台北市政府，幾個月後競選連任失敗；蘇貞昌2003年搬入現在的新北市府大樓，2005年劃下民進黨16年執政的休止符；1994

年劉邦友增建縣府大樓後棟，1996年底發生命案，次年桃園縣長補選，中斷國民黨執政數十年政權；施治明1997年搬入台南市政府，當年也結束國民黨在台南市的政權迄今。

在宏偉的政治建築中，最令人感嘆的莫過於與總統府面對面的國民黨中央黨部大樓，也不知是誰覺得天下已盡入國民黨囊中，有時間來重建大樓；或認為國民黨官蓋雲集，不坐在美侖美奐的辦公大樓，顯不出權力的光彩。1994年開始重建，1997年國民黨在23縣市長選舉中輸掉12個縣市，1998年風光遷入，遷入後椅子未坐熱，2000年又丟掉總統選舉。

這些建築物雖然無法和白金漢宮等比宏偉，但在當時都是醒目的地標，容或選舉牽涉到很多複雜因素，但或許是巧合，或許是風水相沖，或許是帕金森魔咒也降臨台灣。不過，至少提醒政治團隊的經營者：不要花人民的錢，去蓋大樓給管人民的住。因為當人民走進可以炫耀的大樓，看不到可以炫耀的服務，或看不到可以炫耀的建設。那麼，大樓愈炫耀，人民心裡就愈反彈。在企業團隊，有些經營者告訴員工景氣不好，裁員縮編，要節省費用；自己卻該花不該花通通花，還唯恐天下不知的花，這對建立團隊成員與主管同心協力的動力可能會有戕害，溝通也容易變成鴻溝。

不能阻擋順暢溝通

帕金森認為：很多活躍又有效率的事，都是在篳路藍縷的環境，以及胼手胝足的溝通下完成的。台北有家日本百貨公司，賣場光鮮亮麗、寬敞整潔，但走進其辦公區（一般是不接待外人），真是寒酸，緊湊空間裡，辦公桌擠在一堆，沒有隔屏，主管就與成員混在一起。一點都無法讓人連想樓上辦公區與樓下賣場之環境關聯。大家在沒有隔屏的辦公區，誰都看得到誰；誰要什麼，吆喝一聲；誰有疑問，當場就可討論起來。彼此間完全沒距離，溝通連絡完全無時間差。

可是在一間間虛掩著門的辨公室，門板築起個人隱私的圍牆，要見主管必須秘書通報；走進主管整齊的房間，舉手投足必須配合地上的地毯與牆上的字畫，格調才一致。帕金森認為這種團隊看起來令人肅然起敬，好像有真正的高度效率，其實恰恰相反。

的確，草創時期，管理幅度窄、短又緊密，隨著成長，團隊愈來愈壯碩，管理幅度也自然又寬又長。如無限制的以硬體隔開，就會好像血管阻塞，壯碩的肌肉逐漸鬆垮，當然會步入衰敗。無疑的，暢通有活力的溝通一定是團隊的需要，把管理幅度拉得又寬又長，就好像興建宏偉的建築一樣，絕對是團隊經營與溝通效率的大敵。

「宏偉的建築是事業生命的結束」並無意詛咒企業團隊建大樓，只單純認為不要因建造宏偉總部大樓，而荒疏經營管理；不要因總部大樓宏偉，致侵蝕良好無時間差的溝通。

*Communication Gap Effect*溝通位差效應

28 建立平等的管道消除溝通誤差

有學術研究發現：上對下，來自領導階層的訊息只有20%~25%被正確的傳遞到所轄成員；而由下到上回饋的訊息不超過10%，平行溝通的效率則可達90%以上。這種現象俗稱為溝通位差效應（Communication Gap Effect），亦即溝通的訊息傳遞會因透過不同職位的管道，而產生落差。

上對下、下對上，管理幅度之長度與寬度本來就容易影響訊息之傳遞及認知，加諸不同的職位階級有其各自的語言與認知，存在落差應極為正常。雖然正常，但團隊經營並不能放任，而須盡量降低訊息認知之落差。

一般來說，從主管下達命令、逐級傳遞、成員接收、完成工作、逐級回饋到主管獲得完成訊息，在每一過程環節，都可能出現不同程度的誤傳或少傳。所以，從一個命令下達到執行結果回饋，其間產生的偏差可能是驚人的。因此，許多優秀的企業團隊都十分注重平行溝通，以有效消除溝通中的等級障礙，改善溝通環境。

為何平行溝通之落差小

平行溝通之效率之所以如此高，是因為平行溝通是建立在平等的基礎上。簡而言之，同一階級職位之成員，不論是否同一部門，基本上其在團隊所處的地位相似，團隊氛圍給其之感受亦相仿，彼此溝通所用的語言與態度相若，對團隊及工作的價值、理念相近，溝通起來較有同理心，認知自然較不易有落差。

以平行溝通的氛圍來看上對下，團隊主管處於上位，是無法改變的事實，但重點是主管能否降貴紆尊，接受成員之溝通語言與態度。下對上的溝通亦然，基層成員之所以為基層成員，可能是其經驗或閱歷還不足，若以上級主管的標準與態度去衡量，而不是以同理心溝通，溝通管道變成鴻溝並不足為奇，而且還可能阻塞創新的管道。

有人說：打破上下級間的等級壁壘，建立平等的溝通管道，可大大增加主管與成員間的溝通協調效率。然而，溝通管道是無形的，不是具象制式化的，其之存在是因有同理心，而不是依賴規定。據傳松下幸之助十分提倡平行溝通，他本人從不以管理者自居，而以一種平等的態度對待自己的成員，和成員交流。我們也常看到一些政治人物，頂著無比大的頭銜，只要穿著夾克，坐在路邊攤，笑臉講兩句關心的話，人民就感激涕零。的確，穿夾克、坐路邊攤，很符合庶民之同理心，再講些關心話，正好沖淡讓人望之儼然的大頭銜，在人民「即之也溫」下，平等溝通的氛圍也自然彌漫。

確實落實雙向溝通

不過，我們也必須體認這一不平等的平等現象：團隊主管頭銜大，釋出的同理心雖小，得到之平等認知程度，等於低階小主管釋出大同理心。也就是說：在一定的平等認知程度，與所欲溝通的成員之管理幅度愈近之團隊主管，所須釋出的同理心較管理幅度遠之主管大。這體認對消除溝通位差效應極為重要。

管理幅度近，成員會認為與其愈屬同一國，主管應對成員有更多的認知與同理心，因此溝通上常有阻擾，尤其對有明顯利益衝突的溝通。管理幅度近的主管也常會被認為權力不夠大，而增加溝通困難。團隊高階主管對此些問題皆必須有所認知，不能一味以溝通不力苛責低階主管。但不論溝通難易，為避免溝通位差，除上述的同理心外，雙向溝通則是另一方式，且可降低上下級間等級壁壘的疑慮。

雙向溝通中，團隊主管和成員之溝通位置不斷交換，且雙方是以協商和討論的態度互相面對，沒有命令亦沒有挑釁。溝通訊息發出後，還須及時聽取回饋意見，必要時雙方可進行多次重覆商談，直到雙方共同明確和滿意為止。一般對於要求工作的正確性高、重視成員的人際關係、處理陌生的新問題等，雙向溝通的效果較佳。

雙向溝通的優點是溝通訊息準確性較高，產生平等感和參與感，可降低溝通位差效應。但在團隊合作中，並不是凡事均需雙向溝通，那可能是不合效益的。例如對於大家熟悉的例行公事之命令傳達，單純的工作效率要求與成員的秩序，可用單向溝通即可。

*Goldfish Bowl Effect*金魚缸效應

29 經營愈透明，溝通效率愈高

金魚缸效應（Goldfish Bowl Effect）原用在政府部門，指行政運作經常遭遇議會、在野政黨、傳播媒體、利益或公益團體、輿論等各方的關注、批評、壓力，無時不受外部的監督，就像金魚缸一樣透明，行政運作也如金魚一樣，隨時都被關注著。

有人認為金魚缸效應是：養一小缸魚，如果出現問題，可能會很快惡化而使得整缸盡去，風險比較大；而養一大缸魚，即使個別魚出問題，也會有緩衝時間作出反應，以防止整缸魚遭殃。因為有一大缸魚比一小缸魚好養的滑坡謬誤，難怪政府團隊的魚兒愈養愈多，反而養出一層層「魚幕」，讓人看不透。

增加透明度有助同理心形成

企業經營引進金魚缸效應的概念已有不短的時間，日本BEST電器連鎖店（在台灣名稱是倍適得電器，前身為泰一電氣）創辦人北田光男（Mitsuo Kitada）就是實施金魚缸效應的佼佼者。他強調：增加經營透明度，接受成員的意見，對經營管理進行改進。

魚缸是玻璃做的，透明度很高，不論從哪個角度觀察，裡面的情況都一清二楚。將金魚缸效應的精神運用到管理中，就是要求團隊主管增加團隊工作的透明度。團隊的各項工作有了透明度，主管和成員的溝通就有共同的基礎。上篇的「溝通位差效應」談到平等的溝通，強調同理心，但如果彼此間之工作不透明，要求同理心，就有些緣木求魚。

基本上，團隊工作的透明度愈高，成員間愈能相互了解，由工作的熟悉進而了解彼此思考的習慣，溝通起來效率比較高，也比較不會有誤解，這才是真正的平等溝通，也是溝通的良性循環，對增強團隊的向心力和凝聚力很有助益。水清無魚，這句話也適用在金魚缸效應，透明度高的團隊，主管及成員的行為，彼此都看得到，因而也自然形成一種自我約束的機制。

怎樣提高透明度？

提高透明度不是將團隊應保持的機密或成員的隱私公開，而是儘可能公開，讓成員表達意見時，可以不因資訊不對等而影響溝通品質，如此才能有助於成員提出妥適的意見，意見妥適才有被接納的機會，才能益於經營管理之改進，也才能鼓舞成員提供意見的意願。

不同團隊提高透明度的方式與範圍，不會也不必相同。重點是讓參與溝通的成員能在資訊對等下，動腦提出意見。畢竟溝通不是聽訓，也不是聽命行事。純粹創意公司的業務性質是case by case，每一案件的計劃都會全部對有關聯的業務主管公開，不因部門關聯性多寡而異，各主管皆可對其中的預算、執行方法等提出意見；每一案件的細部執行也對投入之成員公開，不因個人參與比重而不同。在溝通階段，任何人皆可提出意見，尤其是看似與執行計劃無關的部門成員更被鼓勵。偶而，有些意見讓人覺得狀況外，但成員們在長期「不阻斷言路」的團隊文化薰陶下，也不會有批評或揶揄。

在正式執行的階段，藉由管控會議，各相關的執行記錄以及收支損益，也對全部參與之成員公開，大家都可對任何事提出「正面」的見解。做得好的部份，成員（不一定是主管）會給予讚美；對有疑問的，通常會用「如果這麼做，是不是會比較好？」的方式，而不會只指出「那樣做，不太好」。

在資訊對等下，純粹創意公司獲得另一項意外的收穫，也就是一些年輕的成員受到「刺激性的鼓舞」（excitative inspiration）。年輕的成員通常在團隊的下緣，平常較難看到高階的文件、參與高階的討論，但其卻是計劃執行的主力。在實施資訊對等措施前，上情雖可下達，但畢竟有隔層紗的感覺，且上下級的分界仍是事實存在的心理隔閡。但在實施後，年輕的成員不再有此感覺，且更勇於提出看法。正如純粹創意公司副總經理吳全居常引用SONY盛田昭夫（Akio Morita）的觀點，如果把重要的職責擱在年輕人的肩頭，即使沒有什麼頭銜，年輕的成員也會覺得自己重要而努力工作。吳全居副總經理說：年輕成員因而表現出來的行為，有時比資深者更令人感動。

*7/38/55 Rule*麥拉賓定律

30 溝通不是上台演戲

好的溝通方式不但可塑造形象，更可以創造氣氛。溝通是「說」與「聽」，亦即發出訊息（如何發出有效的訊息）和接收訊息（如何聽懂別人的話）。只要提到溝通，不論是簡報、演講或一般的談話場合，一般常會提到善用溝通的三大要素，即語言、聽覺、視覺。語言指談話內容、言詞的意義；聽覺為講話的聲調、語氣語調等；視覺是講話者的手勢、表情、眼神、微笑、態度等。

有人認為在人與人的溝通互動中，訊息發出要有效，只有 7% 取決於談話內容，另外語氣及聲調等表達佔38%，而有55%取決於手勢、表情等肢體語言等外在形象，因此進而認為：外表形象，肢體語言，遠遠比溝通的內容重要，再多的專業比不上表現於外的肢體語言。

不要誤解麥拉賓7/38/55 定律

肢體語言或外表形象是很重要，但果真有那麼重要嗎？

重要到超過溝通的內容？果是如此，那以後溝通就穿西裝打領帶，維持好專業形象，然後以豐富的肢體語言，上台胡扯一通即可？

其實這也是跳tone的胡扯，誤用了7/38/55 定律。7/38/55定律為美國麥拉賓（Albert Mehrabian）教授的研究，因為被普遍性誤用，逼得他不得不出來澄清這個法則是用在判斷感覺和好惡態度。麥拉賓的意思是：當一個人說話時，語調或面部表情與說話的內容不一致，人們傾向相信語調或面部表情，而不是他所說話的內容。例如一個人說：我對您一點意見都沒有啊。但他的語調低沈，連眼睛都不看對方，身體也轉向別的地方。在這種狀況下，大部份人會傾向相信肢體語言，而非他說的話。

我們再看一下獲得艾美獎的美國電視人蓋洛（Camine Gallo），對Apple的賈伯斯（Steve Jobs）與Cisco的錢伯斯（John Chambers）之演說技巧所發表的評論。蓋洛認為賈伯斯的演說吸引人在於販賣產品優點、反覆練習演講內容、簡報易讀、流露熱情幹勁與熱忱、保留一個重點在演講結束前再創高潮；而錢伯斯的魅力則為把賣點放在產品優點、說故事、事前費心準備、充滿自信的肢體語言。

很明顯的，愛穿黑毛衣的賈伯斯與常穿西裝的錢伯斯之所以有魅力吸引人，不在外表，而在內容以及讓聽講者感受到熱情、幹勁、熱忱與自信，不是比手畫腳的肢體語言。所以準備好充實的內容，把整個溝通流程安排順暢，是第一要務，再去加強肢體語言。千萬不要再誤解麥拉賓的7/38/55定律，以為肢體動作的影響力勝過說話的方式與內容。

7/38/55在溝通上要這樣用

與人溝通，溝通內容還是最重要。若以BCG 矩陣（BCG Matrix）矩陣的概念，以聽視覺之肢體語言強弱為X軸，溝通內容強弱為Y軸。有內容又有肢體語言配合，就如賈伯斯，易吸引注意，隨時有高潮；有內容但聽視覺平淡，至少是言之有物，好像老教授上課，愈聽愈有味道；言之無物但口沫橫飛，就好像政客在騙選票，多溝通幾次，就會覺得好像在呼口號；用平板臉講平淡的話，聽眾一定跑光光，和這種像白痴的人溝通，不想睡都不行。

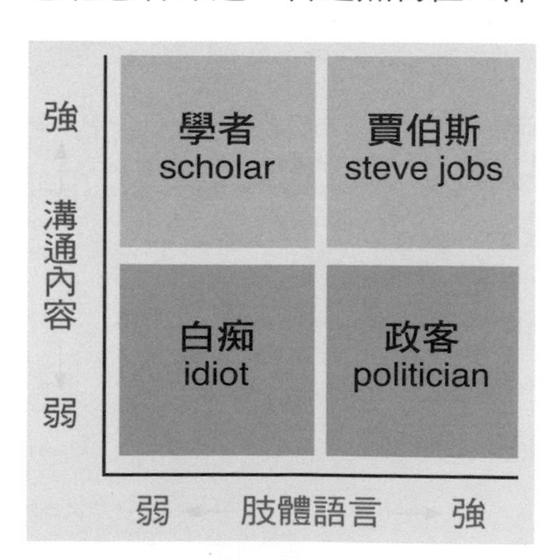

溝通內容一定要使

用對手使用的字詞語彙，才能有默契的感覺，與讓對手覺得是同一國的心理。肢體語言不是像演戲浮誇，由溝通內容顯露的熱情與自信，加上一小舉手一小投足，就可能折服溝通對手。

喜歡溝通對手、喜歡要溝通的主題是溝通成功的重要元素。因為喜歡溝通對手，就易互相尊重，而共同解決問題；因為喜歡要溝通的主題，就會深入了解，而真正解決問題。這才是麥拉賓7/38/55 定律所要闡述的感覺和態度的真諦。

*Epictetus Discourses*愛比克泰德語錄

31 閉嘴有時比開口更有力

團隊成員開口說不到三句話，主管就劈里啪啦用一大堆很有道理的話壓上去，或許是以理服人，但如果每次都這樣，成員絕對很討厭這位主管，甚至不願意主動和他講話，如果不得不和他講話，大部份的狀況是乾脆把嘴巴閉起來聽訓。很多人在年輕當小咖咖時，可能都碰過這種狀況，這種狀況在上對下、年長對年輕之對話或溝通時屢見不鮮。

在許多溝通的場合，我們也常只聽了幾句話，心中就有定見，連忙急著表示意見，散發關懷。結果牛頭不對馬嘴，糗斃了。我們也常在遭受批評時，往往只聽到開頭的一些話，就忙於思索論據，蓄勢反駁，後續的話就在氣沖沖下成為耳邊風。

我們都要再學習不急於表達

做人好像很複雜，多講兩句被當成雞婆，不說話被認為是無趣。其實不是開口有罪，閉嘴偉大；大文豪海明威

（Ernest Hemingway）說：花兩年學說話，卻要花六十年來學會閉嘴（It takes two years to learn to speak and sixty to learn to keep quiet.），讓很多人開始學習閉嘴，學習沈默。如果大家都學會閉嘴不說話，以後團隊會議，一定很了不起。各參與的人都氣定神閒，心照神交，每個人都在互使目尾，神秘的等他人先開口。

基本上，不要以為閉嘴比開口有力，小咖咖的成員不開口，難保不被誤為沒主見。主管劈里啪啦，也可能會被誤為沒胸襟，是小咖咖閉嘴的原罪。主管的劈里啪啦，讓成員討厭，主管可能被認為不能察納雅言，不是可共事的主管；但在主管方面，可能也有話說，當主管要果斷，必須快刀斬亂麻，不拖泥帶水。真是公說公有理、婆說婆有理，很難論斷是非。但是主管不必因為有成員抓不到重點而感觸萬千，成員也無需以沈默來表達賭氣不爽，那樣只會讓彼此的關係僵化，對團隊溝通絕是百害無一利。

不是「說也不對，不說也不行」，而是「該說就說，慢一點說也行」的思考。希臘哲學家愛比克泰德（Epictetus）說：我們有兩個耳朵一張嘴巴，所以聽是說的兩倍（We have two ears and one mouth so that we can listen twice as much as we speak.）。雖是老生常談，但細細品味，這才符合人性，符合團隊溝通的實務，不是一味強調閉嘴、沈默。

沈默就是為了要沈澱

在溝通過程中，慢一點說，不急於表達，沈默下來，要做什麼？當然不是眉目傳情，大家都知道要傾聽。但有如俄羅斯作曲家史特拉文斯基（Igor Stravinsky）所說：傾聽是要努力的，只有聽，鴨子也會，是沒價值的（To listen is an effort, and just to hear is no merit. A duck hears also.）。

沈默是為了要多聽多看一些，多聽多看是為了要能沈澱，把自己心裡原先想的，和對方說出來、表現出來的，在溝通的瞬間融合出一個有利達成溝通目標的新看法。難怪說傾聽是要努力的，耳朵聽，眼睛看，腦筋想，嘴巴說出來，都在那一氣呵成。所以，很重要的是要有多些時間聽對方說、看對方表現，既然如此，滔滔不絕不如沈默聽看。沈默聽看又要注意哪些？

首要在把注意力完全放在對方的身上，掌握對方的肢體語言，明白對方說什麼、沒說什麼，以及對方的話所代表的感覺與意義。

1.肢體語言通常會把內心真正的感覺清清楚楚的帶出來，還記得7/38/55麥拉賓Rule嗎？

2.注意對方描繪具體事實的用詞，這些用詞可能透露某些訊息，或顯示對方的興趣和情緒。

3.注意對方是否話中有話，這種暗示可能隱藏對方真正的想法和感覺，儘量要弄清楚。

為了要讓對方多說一些，適時簡短表達的反應式傾聽會有幫助，讓溝通不會因而冷場，甚至於中斷。

1.以言語或點頭表達接受對方的觀點，雖不一定同意對方的觀點。

2.以言語或點頭設身處地同理對方的難處。

3.綜合一下對方的話，理出其重點所在，也避免溝通失焦。

4.避免打斷他人的談話，溝通中或許你是主角，但主角不必要在過程下結論。

沈默可以調節說話和聽講的節奏，沒有沈默，就沒有沈澱，一切溝通可能都無法進行。沈默是理性的開始，並且引導雙方冷靜思考，不管溝通是為了增加了解，或是避免誤解。

*Churchill Quote*邱吉爾格言

32 有福氣的人關心別人

關心別人的人有福了，這種善有善報的觀念存在我們的腦海已經很久了。關心別人種善因，就能得到福氣的善果。有一位朋友，他的看法是：有福氣的人，關心別人。他的想法很簡單，人要自認有福氣，不必要談因果。

這位朋友常常透過各縣市社會局，取得一些需要救助的資料，他會向里長確認實情後，以現金袋直接寄款，有時也會送些必需品。他常說：五百一千對我們可能沒什麼了不起，但對某些家庭可能很重要。幾十年下來，到底有多少家庭收到，他不說，但有些從讀幼兒園支助到已大學畢業。

他樂於這樣做，只有很少數幾個朋友知道，知道的人也都學他的方法，默默的做。其中一位很有趣，他捐助的來源是減少20%抽煙量、買便當少花20%，上大飯店慶功改到小餐館，累積後就找社會局要資料。也有一位固定每月買一千元彩券的人，直接把一千元寄出去，他笑說：以前覺得自己很有福氣，自從買彩券以來，更多的福氣從未降臨，與其每次開獎把一千元的福氣給彩券商，不如直接把福氣交給需要福氣的人。善哉。

要認為自己是有福氣的人

這些朋友雖然都有虔誠的宗教信仰，但都不喜歡談因果，他們認為要關心別人就去做，若認為做了就會有福報，就不要做。他們開玩笑說：拿五百一千元去關心別人，就會有福報，這也未免太便宜。他們一致的態度是自認是有福氣的人，不是不能關心人的衰星。自己有能力節省出五百一千，比起困苦到連五百一千元都節省不出來，難道不是有福氣的人。

的確，這是自我認知的態度問題，一如邱吉爾所謂：態度是可以促成大變化的小事（Attitude is a little thing that makes a big difference.）。這些朋友，當他們工作遇到瓶頸或心情不佳時，常會找資料，立刻把錢寄出去。很奇怪的，原來不好的心情在寄出去那一剎那，立刻轉換成愉悅，再回頭看那些瓶頸或難過，好像並不那麼令人沮喪。

在企業團隊中，時常去關心自己的同事，哪怕只是昨晚睡得好不好，今天午餐有沒有吃飽等雞毛蒜皮小事，就會發覺因為常關心人，別人也高興看到你，就好像看到土地公土地婆一樣開心。對別人付出關心就好像五百一千一樣，很多人都做得到，就看自我認知的態度。

不論是團隊主管或成員，關心同事是良好溝通的不二基石，常關心同事的人，必受同事歡迎，當有事須溝通，要溝通不成也難；反之，一個平常不關心同事的人，當溝通中需要別人體諒或支持時，衰星之象也可能顯影。

去做就對了，管他善不善報

我這位朋友本身也是企業經營者，帶領好幾個媒體傳播團隊，每個團隊都有各種專業的成員，不同團隊、不同專業間在企劃或執行工作時，一定會討論到因為這樣所以那樣的因果關係，有時討論常常變爭辯，而難形成定論，致工作延宕。一般會以為討論變爭論是不對的，但這位朋友的概念是討論變爭論並不一定不好，如果大家爭的是如何做才能產生最佳的結果，這是好的、正確的工作態度。但爭論最佳結果，而延宕最適結果的定論，就不是好的、正確的工作態度；因為團隊合作及其中的溝通停留在各持己見的最佳，而不是不同團隊、不同專業均能認同的最適結果。

什麼是最佳結果？什麼是最適結果？在還沒執行完成前，只能說是期望，只能說是經驗推理。既然最佳、最適都是正面的方向，也是不同團隊、不同專業的期望，那為何不一齊Just Do It。

我這位朋友常感嘆，在專業程度高的團隊中，不同專業技能成員的溝通協調較難，因為愈專業愈易堅持刻板的己見，就好像被潛移默化的善有善報觀念。所以，既然善，去做就對了，管他善不善報。

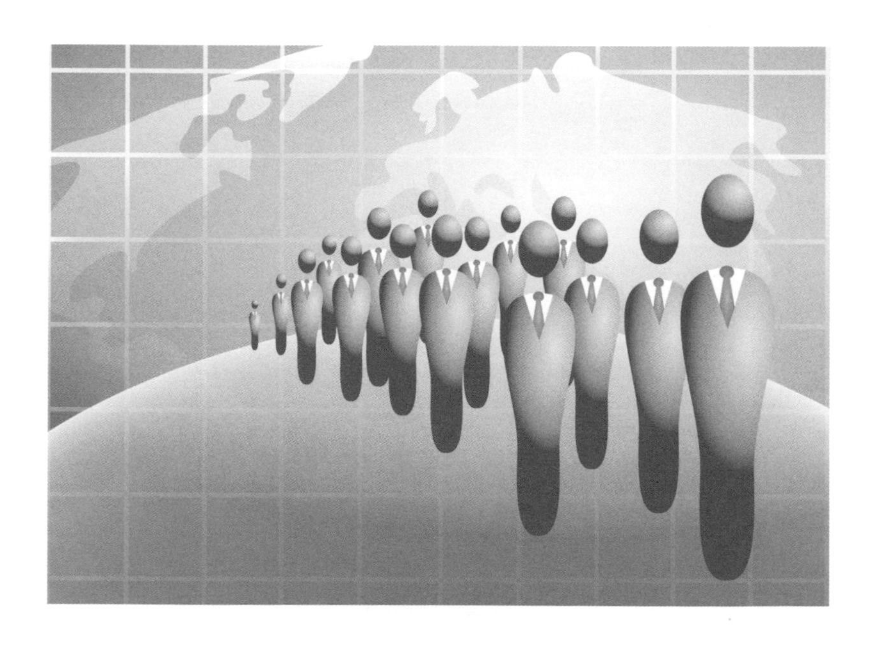

失去傳統的藝術，是一群沒有牧羊人的羊；
沒有創新的藝術，是一具屍體。

Without tradition,art is a flock of sheep without a shepherd.
Without innovation,it is a corpse.

——溫斯頓邱吉爾*Winston Churchill*——
英國前首相、諾貝爾文學獎得主

E. 創新是團隊的唯一活路

33.跟隨是創新的殺手——*The Fans Syndrome*粉絲症候群

34.可以不喜歡，但不能拒絕接觸——*Path Dependence*路徑依賴理論

35.時時刻刻保持危機意識——*Boiling Frog Syndrome*煮蛙症候群

36.消極因應態度產生反革新情節——*Bohica Effect*不希罕效應

37.微小的創新引發翻天覆地的變化——*Butterfly Effect*蝴蝶效應

38.扼殺創新的別無選擇——*Hobson's Choice*霍布森選擇

39.事情熟悉度與所花時間呈正向關係
——*Parkinson's Law of Triviality*瑣碎定律

40.創造歡樂的垃圾桶——*Garbage Can Effect*垃圾桶效應

*The Fans Syndrome*粉絲症候群

33 跟隨是創新的殺手

相傳有人做了一個毛毛蟲實驗，把許多毛毛蟲放在花盆的邊緣上，首尾相接，圍成一圈，在花盆周圍，也放了一些毛毛蟲喜歡吃的松葉。毛毛蟲一隻跟著一隻，日以繼夜繞著花盆邊緣轉圈圈，最終因饑餓和精疲力竭而相繼死去。這個實驗原本是設想毛毛蟲會受松葉引誘而轉向，遺憾的是毛毛蟲並沒有這樣做，導致這種悲劇的原因就在於毛毛蟲固守原有的習慣、先例和經驗。

人異於動物幾希

鰷魚（Minnow）因個體弱小而常常群居，並以強健者為自然首領。研究學者將一隻強健鰷魚之腦後控制行為部分割除，使其失去自制力，行動紊亂，但卻發現其他鰷魚仍一樣追隨。平時左衝右撞的羊群，如果一頭羊發現了肥沃的綠草地，其他的羊就會一哄而上，爭食青草，全然不顧旁邊可能有虎視眈眈的狼。

動物的行為常給團隊經營很大的隱喻，所以有人給上述三者分別取名為毛毛蟲效應、鰷魚效應、羊群效應。這三者的共同啟示是：跟隨的終局是死亡。

不跟隨就是創新，朝發展自己的核心競爭力（core competence）努力，這也是人和動物不同的地方，也是團隊物競天擇的輸贏根本。核心競爭力一詞被很多大企業吹得很偉大，讓很多人覺得好像遙不可及，其實不必那樣想，核心競爭力不過只是指在相同資源條件下，比競爭者取得更高績效的能力。任何企業團隊或個人，只要能發展出自己的風格，與競爭者有差異，具有競爭力，不論是生產技術、研發能力、服務品質、價格優勢等等，任何一大方面或一小細節都可以。黑貓白貓，會抓老鼠的，就是好貓。

以平板電腦為例，iPad的品質及功能已成為平板市場的指標性產品，其他各品牌若跟隨iPad，只有當砧板的份。HTC Flyer之所以能與其抗衡，除採用與iPad不同的Android系統之外，一些差異性的功能也是真正吸引消費者的地方。一世紀前，讓攝影技術走進市井小民生活中的柯達（Eastman Kodak），在數位影像科技日新月異下，創新的腳步太慢，2012年正式聲請破產。

傳統的產業亦然，消費者現在耳熟能詳的金門貢糖品牌都不是老品牌，雖然天工、天一都還在，但因經營沒有創新，市場占有率只好拱手讓人。麵線也是一樣，在金門，麵線本就有很多人在生產與銷售，第一家打出品牌，有包裝的馬家麵線，當時還被質疑，然靠著創新的行銷與產品開發，馬家站穩市場龍頭，現在金門雖已有許多麵線品牌，不過皆依循馬家麵線走過的路，自然也分不到馬家的市場。這些實例再再證明，跟隨若還能存活，充其量只是承人唾餘，拾人牙慧罷了。

進入主流或捲入洪流

在團隊競爭中，有些團隊主管常受混亂的市場資訊影響，放棄自己獨立思考的意見和行為，表現得與人云亦云的群體一致。在團隊中，有些成員也會去從事或相信其他多數人從事或相信的事物，為了不讓自己在團隊中孤立，常不經思考就選擇與大多數人相同的選擇。這種現象類似演唱會裡又叫又跳那一群人的從眾心理，此稱為粉絲症候群（Fans Syndrome）。對團隊經營，沒有差異化的跟隨，就好像跳上樂隊花車（jumping on the bandwagon），可以輕鬆地享受遊行中的音樂，又不用走路，以為「進入主流」，其實是「捲入洪流」。粉絲症候群很容易導致盲從，致陷入失敗。

有些經營者常說：這麼多人都這樣做，不會錯到哪裡去。的確，在這麼多人都還在的時點，講這樣的話也許還有些立場。不過，比較有趣的兩個思考是：跟在這麼多人後面做，到底是要為企業爭取什麼？一段時間後，都這樣做的這麼多人，包括自己，是不是還這樣做？

對混亂的市場資訊不可全信，也不可不信，凡事都要有自己的思考與判斷，這是粉絲症候群的啟示；跟在別人屁股後面亦步亦趨，不被吃掉或被淘汰，頂多是聞人屁味過活。有自己的創意，不走尋常路，是團隊成員脫穎而出的必經之路。對個人是如此，對團隊更是如此。保持創新意識和獨立思考的能力，不斷強化自己的核心競爭力，才不會像毛毛蟲、鱇魚、羊群、又叫又跳的人等，怎麼死的都不知道。

*Path Dependence*路徑依賴理論

34 可以不喜歡，但不能拒絕接觸

每當看到美國太空梭英挺的矗立在發射台上，不免認為兩側的火箭推進器若再壯碩一些，可能更凸顯太空梭的雄姿。然而，這只是遐想。不是科技不行，而是火箭推進器是火車運送，也就是鐵軌的寬度決定了火箭推進器的寬度，而據說鐵軌的寬度當初是以馬車的輪距4.85英尺為規範。問題是馬車輪距為什麼是4.85英尺，原來是古羅馬時期，拉戰車的兩匹馬的屁股寬度是4.85英尺。

我們現在使用的鍵盤是QWERTY型，在使用上並不是最好的，早在1920年代，按照字母組合結構設計的「簡化鍵盤排列法」就已問世，不但打字的正確率比 QWERTY高，且雙手敲擊鍵盤的次數分配比較平均，手指的平均移動距離也大約只有QWERTY 的二十分之一。但是，慣性一形成，到現在QWERTY依然通行全世界，大家都蹩腳，就不會互笑蹩腳，蹩腳反而是正常。

團隊競爭搶奪路徑依賴權

這就是路徑依賴（Path Dependence），類似於物理學中的慣性，意即一旦形成慣性，無論是好的還是壞的，人的行為就可能對慣性產生依賴。兩匹馬4.85英尺的屁股寬度一直被依賴引用，與其相關的運輸就受其制約。習慣於QWERTY鍵盤，新鍵盤排列雖好，但也只能敝帚自珍。黃金比率1.6180339887也是一例，從古代的藝術創作到現代的電腦螢幕尺寸、解析度等，長寬比好像都離黃金比率不遠。這些歷史久遠的慣性要改變，必須有類似登陸戰的耐力，才能搶到路徑依賴權的灘頭堡。

由近代同一時間的產品發展，更能體驗到路徑依賴權搶奪之你死我活，Betamax及VHS的格式之爭，Windows及Linux作業系統之爭皆是，近來以Linux為基礎的開放原始碼作業系統Android，由Google領軍推廣，在手機及小筆電上，與Apple iPhone及iPad之爭，都是在搶奪路徑依賴權。

路徑依賴不只發生在產品條件方面，在團隊發展過程中也普遍存在路徑依賴現象，例如縱然想要順應市場或經營條件做些微的改變，也會因對原有的動作或思考習慣之因循，而變得十分費力，就好像要由QWERTY鍵盤或鐵軌寬度的依賴脫身一樣困難。

拆除思維中的牆

搶奪路徑依賴權是贏者全拿的賽局，但團隊內部的路徑依賴卻可能是團隊發展的殺手。團隊內部對於原有的動作或思考習慣，成員間能不因循，創新的改變不會輕易被排斥，使好的習慣在飛輪效應下，不斷被傳承成更好的習慣，團隊發展就會形成良性循環。反之，輕易排斥創新的改變，好的習慣也會變得不合時宜，原有動作或思考可能會陷入無效率的狀態，導致團隊發展停滯或墮落。

每位新加入的成員都會參照原來的方法，把團隊交付的工作做下去，這是團隊經營與發展中常見的路徑依賴，雖然正常，也無可厚非，但卻有輕「新血」之感。亦即團隊增加新成員，不是只增加人手，而是不應忽略所增加的新腦袋。很多團隊主管思維，或因已有豐富的經驗，或因怕麻煩、怕風險，無形中好像架設起一堵牆，團隊運作因而被慣性思維制約著。對於「牆外」的思維，可能來自新成員的新腦袋，通常不會太重視，以致於喪失創新、改變的機會。雖然喪失此些機會不必然與團隊興衰有立即關係，但團隊主管宜特別注意：環境認識愈清楚，愈容易下決斷。

下決斷常常只是剎那間的事，支持決斷下達的速度與正確性，恆在於所收集的情報多寡與解讀的角度。若下決斷的團隊主管思維受慣性制約，情報多寡與解讀角度自然不易跳脫到「牆外」，因而使團隊經營成就限縮在原有的牆內，無法藉不斷拆除舊牆來擴充地盤。

三網及科技的光速發展，消費行為的微分化，社會文化的多元百變，都已大大撼動團隊經營的思考邏輯與決策思考。團隊主管面對快速、細微、多元的變化及其新事務，縱然不喜歡，不熟悉，也無拒絕接觸的權利，以免思考邏輯之資料庫有所偏執。打破路徑依賴並不意謂全盤揚棄舊路徑，或是慫恿拋棄依賴，而是將新生事務加入傳統路徑，即時更新路徑並依賴之。

*Boiling Frog Syndrome*煮蛙症候群

35 時時刻刻保持危機意識

多年來，煮青蛙的傳說一直流傳在江湖上，有人把一隻青蛙放入沸水中，青蛙受熱，立即施展輕功，竄了出去。又有人把青蛙放入常溫水的鍋中，再用小火慢慢加熱，青蛙雖然可以感覺到外界溫度的變化，卻因惰性以為在洗三溫暖，等到熱度難忍時，已經變成青蛙湯了。企管界有人將之稱為「煮蛙效應」，用以強調：在企業日常的經營管理中，造成危機的許多病灶可能早已潛伏，只是管理者麻痺大意，缺乏危機意識，沒有足夠的重視，因此使一些看起來不起眼的小事，經過連鎖反應，而演變成可能摧毀企業的危機，就好像活青蛙洗三溫暖，洗成青蛙湯。

經營創新首在實事求是

從1869年，德國生理學家Friedrich Leopold Goltz開始煮青蛙，至今各種試驗與爭議仍未曾停歇，但上述煮青蛙的傳說卻傳遍江湖，可憐的青蛙，在各取所需下，成了不知死活的代言。雖然自1988年起，很多科學家實驗證明青蛙的行為與上述傳說恰好相反，亦即把活青蛙放入沸水中，青蛙就死了；把青蛙放在涼水鍋中，用小火慢慢加熱，當青蛙感受到溫度變化，就會往外跳。但在地球暖化議題上，人類還是被比喻成溫水青蛙。誤用了百餘年的煮青蛙，直到最近的2009年，還勞煩諾貝爾經濟學獎得主克魯曼（Paul Robin Krugman）撰文說真的青蛙行為不是不知死活的。

上述煮青蛙傳說所顯現的現象被稱為煮蛙症候群（Boiling Frog Syndrome），是一種滑坡謬誤（slippery slope），即將事件起頭與結論固定，中間以似是而非或無關聯推論相連接的邏輯謬論。相連結的推論乍看之下有理，細思之下卻不確實或不切實際。

在團隊改革與創新中，改革或要創新的標的已固定，欲達成的預期結論也已固定，團隊主管及成員對連接首尾的執行方法及其理由，一定要實事求是，不要以尚未執行、難以預料為理由，輕率思考推論，以致於有滑坡謬誤之虞的執行方法及理由隱藏其中。其實「尚未執行→難以預料」這句

話本就有滑坡謬誤的味道，團隊主管及成員無妨深深思考一下：每一計劃在執行前，若對執行方法能否達成預期結論無某一比率的自信與合理性，那還改革得了或創新得了嗎？

煮出三項創新經典

煮青蛙傳說雖然是一個滑坡謬誤，但這謬論本身就給團隊改革創新一個最大的啟示：凡事實事求是，不要以為滑過去，頭過身就過。煮青蛙煮了百餘年，終究被發現原來青蛙不是像美國大作家奎恩（Daniel Quinn）所描述的：就好像洗熱水澡一樣，含著微笑，安詳的被煮到死。改革創新亦然，都是要紮實去做，甚至是長期去做，沒有取巧。拋開青蛙行為不論，把煮青蛙傳說當成一個寓言，其對團隊改革創新還有兩個啟示，一是保持危機意識，二是漸近式的改變比較容易被接受。

有如帕金森魔咒「宏偉的建築是團隊生命的結束」一文中所提，經營績效最風光時，以宏偉建築來代表成就，往往是沒落的開始。宏偉建築代表成就，好像完成了歷史定位，沒有危機了，安心了安穩了，怎能不退步。有兩位電子界大亨，出了自傳，宣佈退居二線，一位煙斗抽得不安穩，一位在幕後老覺不安心，引退一年又復出。覺得自己功過蓋棺，才出自傳，覺得企業沒有危機才退隱，既然如此，怎麼又跑回來。團隊經營面對各種競爭，只有時刻保持危機意識才有生存之機。否則被煮到死，還要裝安詳，太辛苦了。

只有不斷改革、不斷創新，不斷突破既有的經營條件，才是保持危機意識的具象行動，才能持續維持經營優勢。但是改革創新，有時須文火慢慢加熱，漸近式的改變，才比較容易被接受，就如打破路徑依賴，並不意謂全盤揚棄舊路徑，而是逐漸把路徑加長加寬。

*Bohica Effect*不希罕效應

36 消極因應態度產生反革新情結

在組織再造或革新中有何種觀點指出員工會產生「能忍自安，消極抵制的反革新情結」？這是台灣公務人員升官考試常見的試題，答案是不稀罕效應（Bohica Effect）。大概是台灣政府猜想不稀罕態度普遍存在於公務系統，所以常常考這一題。

不稀罕效應在很多團隊的氛圍中常可以嗅到，不僅止於大規模團隊或政府團隊。不稀罕的態度是指團隊成員對政策或目標不甚關心，尤其是對革新的措施，抱持著敷衍應付態度、事不關己、我行我素的心理。

有不稀罕態度的成員，表面上，不一定會口頭拒絕革新的措施，也不一定是愛理不理的消極表象，有時是聽來很有信心的回答。在他們心理是「只要忍耐一下，繞一圈，還是再回來」（Bend it over, here it comes again, Bohica）。

不稀罕效應的產生，可能來自團隊成員的態度，也可能是團隊主管自身就不稀罕；也或許是團隊規模大，溝通不易，致缺乏了解。

失去個人自我價值感

不論是主管或成員，失去在團隊工作的自我價值，便會變得一切都無所謂。當團隊有如：兵來將擋，水來土掩，天塌下來，有人頂著等風涼話出現時，就表示有人失去工作的自我價值，不稀罕效應的徵兆在滋生。

有人住過台南兩家旅館的行政套房，後車站那家對房客非常尊重，例如吃飯不需「飯票」，報個房號就可。永康那家很不稀罕房客，房客向櫃台主管抱怨已要求叫醒服務，櫃台卻沒有叫醒，但沒有人給任何回應；待房客退房時，櫃台人員很認真的告訴房客：因忘記叫醒，房價少收200元，房客氣得堵回不必了。旅館不稀罕房客因其疏忽而產生的不便，房客又怎會稀罕其之存在。

成員失去工作的自我價值，若是自身的個性使然，只有協助他去找可以發揮其價值的工作。在實務上，非自身個性的因素，成員感到失去價值的情形主要有三：一是成員在工作中碰到瓶頸，無人關心開導；二是被視為比較不重要的成員，因而缺乏參與感；三是不被要求，做好無賞，做不好也OK，好像沒什麼重要性。既然無人關心、缺乏參與、沒重要

性，成員很容易認為自己沒有被利用的價值，若團隊主管疏於處理，不稀罕的氛圍自然浮現。

主管消弭不稀罕

這三類情形比較容易對症下藥，重點在團隊主管，只要主管多付予應有的關心，不疏忽與成員的互動，就可消除不稀罕效應的溫床。無可諱言，不稀罕效應的產生大部分的責任來自團隊主管的領導風格和手法，以及其所設計出來的制度。單獨一個成員的不稀罕態度不見得會被其他成員認同，要形成效應比較不容易，但若是團隊主管，不論是高階、中階或低階，有不稀罕態度，可能影響的是整個團隊，不稀罕效應可能會瀰漫開來。

高階主管之管理幅度大，難以直接對全體成員發揮有效的關心，但須監督中階主管對政策、目標或革新措施的積極態度，是否完全明瞭細節及內容，是否正確傳達予低階主管，並有鼓動低階主管之積極行為。中階主管亦須注意低階主管是否正確積極的與其成員溝通。

在這由高階主管至成員的溝通系統，若中間有任一主管熄火，而其上一層主管又漠視，漸漸的，由該環節將透出不做也沒關係的風氣，進而形成平行部門間的比較，也造成平行部門主管管理鬆緊的差異，整個團隊的氛圍可能會變得詭異不和諧。長此以往，循例行事、陽奉陰違等消極態度，將迫使整個團隊必須全部被汰換。因為這樣的團隊已是暮氣沉沉、毫無生機，根本不可能有任何創造力可言，構不上團隊的基本價值，充其量只能叫做「一堆人」。

制度上給很多的獎勵，是否有助於消除不稀罕效應？由台灣及希臘的政府公務員高福利以觀，多做多錯、少做少錯、不做不錯的風氣依然盛行，看不出獎勵優渥有激勵勇於為人民任事的關聯。以身陷債務危機的希臘為例，欲削減氾濫的獎勵，公務員即以大罷工回應，管他人民福祉，管他國家破產。「反革新情節」高漲，實在是不稀罕效應的曠世經典。

*Butterfly Effect*蝴蝶效應

37 微小的創新引發翻天覆地的變化

美國氣象學家洛倫茲（Edward Lorenz）說：一隻南美亞馬遜熱帶雨林的蝴蝶，偶然拍動幾下翅膀，可能兩周後在美國德州引起一場龍捲風。這種現象被戲稱為蝴蝶效應（Butterfly Effect）。其原因在於蝴蝶翅膀的運動，引起微弱的氣流，而微弱氣流的產生又可能會引起四周空氣或其他系統產生相應的連鎖變化，而導致極大變化。企業界將蝴蝶效應引申為：一件表面看來毫無關係、非常微小的事情，可能帶來巨大的改變。

創新的兩難

一個幾年前被認為不是很精密的觸控技術，短短不到十年間，卻掀起消費性電子產品觸控化的熱潮，就是蝴蝶效應的最佳寫照。現在由手機、數位相機、GPS、數位相框、提款機、資訊導覽系統、自助服務系統、互動式數位電子看板、教育平台乃至於遊戲賭博機台等各種電子產品，不觸控面板化，就是老掉牙的。

在2007年Apple iPhone導入multi-touch電容式觸控面板之前，美國軍方早已將觸控面板技術轉移出，當時世界的手機霸主Nokia、Motorola等認為觸控的準確性不足，還只是小蝴蝶在拍翅膀，就是此一要求精密的遲疑，被觸控化的龍捲風絞得痛苦不堪。

成者為王，敗者為寇，團隊競爭本就很現實。Nokia、Motorola對消費者負責，堅持領導品牌應有的格調，導致落難，錯了嗎？Apple以觸控面板差異化，迎合或創造消費者喜好，造就成功風光，對了嗎？很難斷定對錯，這就是創新的兩難。不過，從以前許多實例，倒是有一殘酷的反諷：管理階層為團隊成功所做的理性且智慧的決策，常常是失去領導地位的主因。

當團隊成為市場主要品牌，在經營與行銷的思考免不了就有「大家風範」，有所為有所不為，明知領導市場潮流極為重要，但技術還不十分成熟，就會有品牌信譽、企業責任等的顧慮。若產品發展的速度慢，新產品上市可精雕細琢，但有些產品更新的速度極快，顧慮太多顯然成為累贅。觸控面板雖然已紅火到不行，但線性準確度、雜訊處理、大基板搬運與輸送、製程精度及均勻度維持等等技術，仍有待突破，亦是不爭的事實。

慢慢不懈地轉動飛輪

團隊在成長的過程，免不了為因應成長所需，而有新的改革方案。通常，新方案總有人贊成配合，也有人反對抗拒，也有的默默照做，另有的默默不希罕。有的團隊採快速的拉式策略，試圖利用煽情的演講打動成員；有的團隊採用慢速的推式策略，以實際的行動感動成員。兩種策略在馬蠅效應及啄牛鳥效應篇中已有說明，各擅勝場。然不可否認的是，當一個團隊從A到A$^+$ 的轉變過程中，根本沒有什麼「神奇時刻」，成功的唯一道路就是清晰的思路、堅定的行動，而不是所謂的靈感。成功需要每位成員堅持不懈的去做，並印證成果，感染愈來愈多的成員對改革有信心。這就是與蝴蝶效應相似的飛輪效應（Flywheel Effect）。

飛輪效應指為了使靜止的飛輪轉動起來，一開始必須使用較大的力氣，一圈一圈反覆地轉，每轉一圈都很費力，但是每一圈的出力都不會白費，飛輪會愈轉愈快。達到某一臨界點後，飛輪的重力和衝力會成為推力的一部分。此時，無需再費大力氣，飛輪依舊會快速轉動，而且不停地轉動。落實飛輪效應的理念，持續不斷改善可進步的經營事項和提升績效，蓄積龍捲風似的能量。例如建立一個種子小組，慢慢堅持不懈地轉動飛輪，用實實在在的績效來證明方案是可行的，再讓其他團隊成員了解並察覺到團隊正在加速向前邁進時，原本不希罕、抗拒的成員將會逐漸減少，這個飛輪基本上就能自轉了。

從A到A⁺，不能抱怨成員的投入與凝聚力不夠，而是要以實際行動向成員證明團隊改革與創新是可行的、必要的，且具有實效，這才是團隊主管所面臨的挑戰。除此之外，團隊主管在推動飛輪之際，不能遺忘時常輔以口頭說明與獎懲制度，注入些潤滑油，飛輪將轉得更虎虎生風，縱然飛輪已能自轉。

*Hobson's Choice*霍布森選擇

 扼殺創新的別無選擇

古代英國有個馬車出租業者叫Thomas Hobson，他規定任何人來租馬，都只能租最靠近馬廄門口的那匹馬。此馬一被租走，旁邊的馬就遞補過來，站到馬廄門口。Hobson認為一匹接一匹輪流出租，馬力才可以平均，任何一匹馬都不會有過勞的現象。

也不曉得為什麼這麼有概念的管理，會被譏諷為霍布森選擇（Hobson's Choice）。霍布森選擇不只在企業管理等社會學科上流芳，在戲劇界更傳千古。1915年躍上舞台劇中譯名「爸爸的選擇」，1954年拍成電影中文片名叫「女大不中留」，1989年「爸爸的選擇」改編，在倫敦皇家歌劇院首演，迄今二十餘年，經常在英國境內巡演，被譽為舞團的名劇之一。三部戲都是在訴說父親的鞋店最後被女兒合併，且父親不得再插手店裡的事。It's the only thing you can get. It's Hobson's choice.（這是你唯一能得到的，別無選擇。），父親唯一的選擇是被合併，否則就會倒閉。

不要陷入霍布森選擇的困境

Hobson不讓馬匹過勞，有效率的運用資源，對Hobson的經營是有利的；二方面亦可讓消費者租用到已充份休息的馬，對消費者權益亦有保障；但只因沒有讓消費者有選擇的餘地，因而博得「別無選擇」的千古代言。當初，Hobson有沒有利用行銷，宣揚其保障消費者權益的初衷，已不可考；然而這也說明一件事，就是在消費者心中，有選擇權比產品利益重要。這就好像賣一粒10元的西瓜，說得口沫橫飛，消費者總覺得是老王賣瓜；於是有人調高為11元，並在旁邊找自己人再設一攤，賣12元的西瓜。結果11元賣得比10元的好。

團隊合作亦然，主管可能幫成員設想得很週到，提出很合適的方案給成員，不過一項方案再合適，要符合不同成員的需要，也有實質的困難，為免被誤為霍布森選擇，事先的溝通絕對必要，哪怕是主管已有定見，也要等成員發表意見後再公佈方案。

團隊主管以「別無選擇」的標準來約束和衡量成員，必將扼殺多樣化的思維，從而也扼殺了成員的創造力。任何主管都希望成員在工作上有改革及創新的思考與行動，但如果連主管自己都陷在霍布森選擇而不自知，整個團隊的績效也一定是「別無選擇」的無奈。

身為團隊主管，最危險的就是視野太窄、高度不夠；或是確實夠強，而無形中築起自以為是的標準，就可能容易走不出霍布森選擇。管理上，有人說：當看上去只有一條路可走時，這條路往往是錯誤的。此句話多少有些傳神，或許路不見得是錯，但至少表示萬一是錯的，會沒退路。在霍布森選擇中，自以為做出了抉擇，但實際上思維和選擇的空間都是很窄小的，這種思維自我僵化，當然不會有創新，而且更可能是一個陷阱，因在進行別無選擇的選擇過程中，還會自我陶醉，以為做了良好的判斷與選擇，因而喪失創新的時機和動力。

養人養創新養策略

亦有人說：在團隊內部不會出現新成果，一切新成果都是發生在團隊外部。雖然這句話並不必然準確，但一個團隊久了，成員的視野、高度可能都被定形，選擇和思維的空間形成路徑依賴的慣性，新成果可能較難產，霍布森選擇的憂慮自然而生。雖然不是別無選擇，但至少選擇範圍的面向會被限縮，而這經常成為團隊創新的阻力。以銷售為例，業務人員的客戶若只有少少幾個，深怕客戶跑掉都已來不及，哪有能力在業績及利潤上創新。

團隊主管要避免選擇的面向被限縮，養人、養創新、養策略的三養，絕對是團隊的營養補品，尤其是能力確實夠強、不可一世的團隊。養人並不單指培養團隊編制內的成員，而是包括編制外的顧問、智庫等。藉人才培訓來增加擴大編制內成員的視野，使其了解更多更廣，此迥異於一般專業技能訓練。專業技能訓練是對現行工作品質提升有用，無益於視野開闊，亦即對增進選擇面向的廣度與高度沒有幫助。而縱使編制內成員的視野有所增長，仍免不了陷在現有工作或產業的框架中，此乃為何需有編制外人員相互補遺的原因。

養了人，就能促使其思考各種改革及創新，設計各種因應的策略，其目的無他，讓團隊在成長的過程中，有多條路可供選擇，而不是只有一條獨木橋，甚至是不歸路，冀望每次面對決斷時，都不是無奈的說：只好就這樣吧！

*Parkinson's Law of Triviality*瑣碎定律

39 事情熟悉度與所花時間呈正向關係

愛說笑的帕金森真的很爆笑，提出了一項研究結果：會議中，討論各項議案所花的時間與所涉及的預算金額，呈反向關係。他的研究中發現，某企業的董事會議有三項議案，討論1千萬元預算的原子反應爐建設計畫只花2分鐘；討論2千元預算的腳踏車車棚花了45分鐘，且董事們頗有成就甚偉之感；第三項議案是4.75元的董事會會議茶點費，要喝咖啡還是紅茶，哪家的點心比較好吃，討論了75分鐘，決議下次再繼續討論。

財務關心消失點

帕金森認為能了解巨額金錢所具之意義者有兩種人，一種是擁有巨額財富的富豪，一種是一文不名的人。對真正的百萬富豪而言，100萬元是真實而可了解的東西；對窮光蛋而言，100萬元和1千元都是同樣的真實，因為他們從來沒有過100萬元或1千元。不過社會上，以介於這兩類人中間的人較多，他們不了解百萬元的意義，但了解千元的作用。

也就是大部份人的心裡，對金額大小都有不同的真實感受度。舉例而言，一個人從口袋掏出10元，不小心掉落滾入水溝，雖離水溝蓋只有五步路，但那人連走過去看一下都沒有。若滾入水溝的是99元，那人走過去看一下，搖搖頭走開；若滾入水溝的是100元，那人走過去看一下，蹲下來試圖提起水溝蓋；若掉入水溝的是10,000元，那人提不起水溝蓋，找幫手來撬開，取出10,000元。亦即99元對那人而言，可以無可謂，就是此人的財務關心消失點下限。在關心消失點下限以下的95元、50元或20元等，對那人的感受度是無差異的。

相對的，每個人也都有財務關心消失點上限，一個人只有在一次性消費中花過50萬元的經驗，從未一次花100萬元過，100萬元能買到什麼，沒有概念。這100萬元就是那人的關心消失點上限。對那人而言，100萬元和1,000萬元一樣。財務關心消失點的概念，對新產品訂價策略有極深遠的影響，此乃為何有些高單價的產品，如房屋、機械設備等，價格愈訂愈高，反正有5億身價的人，不見得有一次出手花1億的經驗。1億和1億1千萬對消費者既然意義相同，訂價自然就是1億1千萬，若沒有多賺到，至少也滿足了消費者殺價的成就感，以及1億1千萬訂價的高檔感。

大事辦不了，小事窮囉唆

帕金森的此項研究結果雖然與金額大小有關，但被稱為瑣碎定律（Parkinson's Law of Triviality）或雞毛蒜皮定律，因其有另一層次的啟示。也就是人們對熟悉的事情，討論起來興高采烈，十嘴九屁股；對陌生的事情，討論好像在上課，懂者口沫橫飛，講一些別人聽不懂的，不懂者道貌岸然，頻頻點頭，深怕別人看穿他心中的空虛。好像腳踏車車棚與原子反應爐的兩個例子，事情熟悉度愈高，討論所花的時間也愈長，兩者呈現正向關係，但這不是件正常的事。

同樣不正常的是，複雜的事情討論起來可能很簡單就獲致結論；簡單的事情，討論起來可能沒完沒了。照理說，熟悉、簡單的事情，由討論到獲得結論應該很快速才對；複雜、陌生的事情，討論要花多點時間，有時甚至決議不了。然實務上，反而大事辦不了，小事窮囉唆的景象屢見不鮮。雖謂團隊主管須傾聽成員的聲音，但更須拿捏輕重分寸，連會議喝咖啡或紅茶的雞毛蒜皮，都可以討論到沒有決議，這不是尊重，而是無能。

對制度改革、產品創新而言，很多改革創新後的發展是難以預測的，相對上較茲事體大，屬於複雜、陌生的事情。團隊主管在改革創新定案前，宜多利用機會，提供更周詳的資訊，運用拉式策略，激勵成員多表達，以免改革創新前，相關成員惜字如金，改革創新過程中，人人諸葛亮，使定案的改革創新永無落實之日。

帕金森雖然愛說笑，不過討論預算金額多寡與討論所花的時間呈反向關係，反而啟發我們發現團隊還有另兩種病態存在，即事情熟悉度與所花時間呈正向關係，事情複雜度也與所花時間呈正向關係。

*Garbage Can Effect*垃圾桶效應

 40 創造歡樂的垃圾桶

荷蘭Efteling童話世界是一個大型主題樂園，非常受小朋友的歡迎，園中連垃圾桶都有趣至極。造型垃圾桶會一直哭喊餓了餓了，吸引許多小朋友，主動撿拾垃圾去餵它。其實在荷蘭各地，好好欣賞垃圾桶是一大享受，對企業人而言，也是很有趣的創新之旅，不但垃圾桶的硬體設計創意連連，令人嘆為觀止，倒垃圾也有「制度」，用心去體會，說不定會對創新視野有很大的幫助。

相傳long long ago，荷蘭有一個村子為解決垃圾問題，而廣設垃圾桶，但亂丟垃圾的現象仍十分嚴重。衛生單位積極研商解決對策，從增加取締人力到提高罰鍰，各種辦法都試了，成效並不顯著。於是有一個人提出建議：在垃圾桶裡裝置一個感應程式，只要把垃圾丟進去，垃圾桶就會自動掉出銅板作為獎勵。衛生單位對這創意非常重視，但以金錢獎勵，財政恐怕無法負擔，於是改良為垃圾丟進去，垃圾桶自動播放一則故事或笑話，每兩周換一次內容。這個設計大受

歡迎，而把垃圾丟進垃圾桶，因為大家都想聽聽垃圾桶講什麼笑話，創造了很多的歡樂。這就是一般所講的垃圾桶效應（Garbage Can Effect）。

過程創新才有新成果

團隊合作的目的在求創造出新的結果，但如果還是受路徑依賴的影響沿用老方法，就會像俗話所說：狗嘴吐不出象牙。一個新品種的水果問世，不是天上掉下來的，而是來自新的栽種方式。所以，要有創新的結果，過程必須先創新。

黑珍珠蓮霧以高價聞名，但這種植於近海的林邊、枋寮、佳冬、東港一帶的黑珍珠蓮霧，當初其實是沒有知名度的，除了果皮色澤豔紅，果實更是小得不起眼、汁少又微澀，很少拿來食用，只因其紅豔可愛，可以成串供拜拜用而存在，沒有特別的商品價值。

生長在近海高鹽分土壤的蓮霧，由於外在滲透壓高、根系吸收水份較困難，相對的就會吸收較多的鈉、鈣及鎂等鹽基成分，因而導致果小汁少；但也因土壤含鹽，而使蓮霧具有特殊風味。因此，由洗鹽、築溝排鹽、灌溉管理、築引鹽堤等管理技術著手，進行研發，終於把紅小澀少汁改造成黑大甜多汁，創新出黑珍珠蓮霧。其實黑珍珠蓮霧並不是灌注特殊肥料或農藥，只是靠適當之土壤管理辦到的。所以對團隊合作的創新言，黑珍珠蓮霧是創新嗎？不是的，創新的是土壤管理技術，也就是過程。

苦力與薪材

有人會以為創新是大企業才有能力做的事，其實自古以來都不是，太空梭是創新；台灣壹咖啡花時間改良冰咖啡的品質也是創新，澳洲黃尾袋鼠（Yellow Tail）葡萄酒調配出毫不複雜的葡萄酒結構，美商美樂家在台灣廣設服務中心，GE的活力曲線，純粹創意公司要求團隊成員見面都要互相give me five等等也是創新。創新並無大創新或小創新之別，只要是創新、改革都值得去做，哪怕只是產品改變外觀的顏色。1997年克里斯汀生（Clayton Christensen）提出了破壞性創新（Disruptive Innovation）概念，給所謂的「小」企業、「小」創新很正面的啟示。破壞性創新的概念提醒企業：不見得強者更強，新進者不一定永遠處於弱勢的狀態；企業間的競爭勝敗取決於創新，不是規模。

草字頭好像柴料，草頭古，愈燒愈苦，草頭新，愈燒愈興。意即不改變做法，就如草頭加古字，愈燒愈苦，愈燒愈像做苦力；若創新燒法，愈燒薪柴愈多，愈燒薪材愈多，愈興旺。在荷蘭看到很多令人驚呼失聲的垃圾桶，心中不禁浮起「創新的反差」，一個讓人丟髒東西的垃圾桶，竟讓人忍不住要摸一摸，這就是創新的價值。要當苦力，或是薪柴，只在一念之間。垃圾桶還是垃圾桶，由令人掩鼻到讓人想摸，這就是創新。由讓人想摸到製造歡樂，則是有用心、有附加價值的創新。

Intelligence 07

從木桶到垃圾桶

——用管理大師的智慧打造金質團隊

金塊文化

作　　者：陳紀元
發 行 人：王志強
總 編 輯：余素珠
美術編輯：JOHN平面設計工作室

出 版 社：金塊文化事業有限公司
地　　址：新北市新莊區立信三街35巷2號12樓
電　　話：02-2276-8940
傳　　真：02-2276-3425
E-mail：nuggetsculture@yahoo.com.tw

匯款銀行：上海商業銀行　新莊分行
匯款帳號：25102000028053
戶　　名：金塊文化事業有限公司

總 經 銷：商流文化事業有限公司
電　　話：02-2228-8841
印　　刷：群鋒印刷
初版一刷：2012年4月
定　　價：新台幣250元

ISBN：978-986-87380-9-6

國家圖書館出版品預行編目資料

從木桶到垃圾桶：用管理大師的智慧打造金質團隊 / 陳紀元著.
-- 初版. -- 新北市：金塊文化, 2012.04
192面；15 x 21公分. -- (Intelligence ; 7)
ISBN 978-986-87380-9-6(平裝)
1.企業管理
494　　101005368

金塊文化